全国高级技工学校电气自动化设备安装与维修专业教材

传感器应用技术

人力资源和社会保障部教材办公室组织编写

U0107867

中国劳动社会保障出版社

内容简介

本书为全国高级技工学校电气自动化设备安装与维修专业教材，主要介绍传感器技术基础、光电类传感器、磁电传感器、位置传感器、力传感器、温度传感器、气敏传感器、湿度传感器，以及其他新型传感器方面的知识，并适当安排了相关的实验与实训内容。

本书由王涵主编，杨敬东、吕爱英、杨永、李文静、商杰、李国栋、蒋立新参加编写；刘进峰审稿。

图书在版编目（CIP）数据

传感器应用技术/人力资源和社会保障部教材办公室组织编写. —北京：中国劳动社会保障出版社，2012

全国高级技工学校电气自动化设备安装与维修专业教材

ISBN 978 - 7 - 5045 - 9641 - 3

Ⅰ.①传… Ⅱ.①人… Ⅲ.①传感器-应用-技工学校-教材 Ⅳ.①TP212.9

中国版本图书馆 CIP 数据核字（2012）第 080301 号

中国劳动社会保障出版社出版发行

（北京市惠新东街1号 邮政编码：100029）

出版人：张梦欣

*

北京世知印务有限公司印刷装订 新华书店经销

787 毫米×1092 毫米 16 开本 10.75 印张 248 千字

2012 年 5 月第 1 版 2012 年 5 月第 1 次印刷

定价：19.00 元

读者服务部电话：010 - 64929211/64921644/84643933

发行部电话：010 - 64961894

出版社网址：http：//www.class.com.cn

前　言

为了更好地适应高级技工学校电气自动化设备安装与维修专业的教学要求，全面提升教学质量，人力资源和社会保障部教材办公室组织有关学校的一线教师和行业、企业专家，在充分调研企业生产和学校教学情况的基础上，吸收和借鉴各地高级技工学校教学改革的成功经验，在原有同类教材的基础上，重新组织编写了高级技工学校电气自动化设备安装与维修专业教材。

本次教材编写工作的目标主要体现在以下几个方面：

第一，完善教材体系，定位科学合理。

针对初中生源和高中生源培养高级工的教学要求，调整和完善了教材体系，使之更符合学校教学需求。同时，根据电气自动化设备安装与维修专业高级工从事相关岗位的实际需要，合理确定学生应具备的能力和知识结构，对教材内容的深度、难度做了适当调整，加强了实践性教学内容，以满足技能型人才培养的要求。

第二，反映技术发展，涵盖职业标准。

根据相关工种及专业领域的最新发展，更新教材内容，在教材中充实新知识、新技术、新材料、新工艺等方面的内容，体现教材的先进性。教材编写以国家职业标准为依据，涵盖《国家职业技能标准·维修电工》中维修电工中、高级的知识和技能要求，并在与教材配套的习题册中增加了相关职业技能鉴定考题。

第三，融入先进理念，引导教学改革。

专业课教材根据一体化教学模式需要编写，将工艺知识与实践操作有机融为一体，构建"做中学、学中做"的学习过程；通用专业知识教材根据所授知识的特点，注意设计各类课堂实验和实践活动，将抽象的理论知识形象化、生动化，引导教师不断创新教学方法，实现教学改革。

第四，精心设计形式，激发学习兴趣。

在教材内容的呈现形式上，较多地利用图片、实物照片和表格等形式将知识点生动地展示出来，力求让学生更直观地理解和掌握所学内容。针对不同的知识点，设计了许多贴近实际的互动栏目，在激发学生学习兴趣和自主学习积极性的同时，使教材"易教易学，易懂易用"。

第五，开发辅助产品，提供教学服务。

根据大多数学校的教学实际，部分教材还配有习题册和教学参考书，以便于教师教学和学生练习使用。此外，教材基本都配有方便教师上课使用的电子教案，并可通过中国劳动社会保障出版社网站（http://www.class.com.cn）免费下载，其中部分教案在教学参考书中还以光盘形式附赠。

本次教材编写工作得到了河北、黑龙江、江苏、山东、河南、广东、广西等省、自治区人力资源和社会保障厅及有关学校的大力支持，在此我们表示诚挚的谢意。

人力资源和社会保障部教材办公室

2012 年 5 月

目　录

第一章

传感器技术基础

随着科学技术，特别是计算机技术的高速发展，现代工业的生产过程已经实现了高度的自动化，生产设备能够自动监测系统状态的变化，并根据这些变化自动进行调节控制，若温度高了就自动实施降温措施、到达指定位置后就自动停止运行、易燃易爆气体含量异常增高了就发出警报等，这些自动控制技术的实现都离不开传感器。

传感器的功能与人的五官类似。在日常生活中，人们通过自己的五官感受外界事物的变化并做出反应。如人在水龙头下用盆接水时，眼睛看到水盛满了，将这一信息传递给大脑，大脑便发出指令控制手关掉水龙头，其过程如图1—1所示。而在自动控制系统中，这一过程的实现如图1—2所示。可见，液位传感器的作用相当于眼睛，它检测到水位信息并传递给控制装置，由控制装置发出指令控制执行装置完成水龙头的关闭。

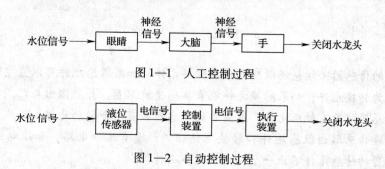

图1—1 人工控制过程

图1—2 自动控制过程

实际应用中，大多数设备只能处理电信号，因此，传感器的作用就是把被测、被控量的信息转化成电信号，并传递给控制装置。目前传感器已经广泛地应用到生产生活的各个领域，如航空航天技术、机械设备、工业控制、交通运输、家用电器、医疗卫生、办公设备等。

第一节 传感器基本知识

一、传感器的定义及组成

传感器能够感受规定的被测量并按照一定的规律将其转换成可用的输出信号，通常由敏感元件、转换元件和接口电路等组成。其中敏感元件是传感器中能直接感受或响应被测量的部分；转换元件是传感器中能将敏感元件感受或响应的被测量转换成适用于传输或测量的电信号的部分。传感器的组成如图1—3所示。

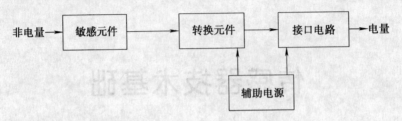

图1—3 传感器组成框图

传感器的概念有以下四种含义：

（1）传感器是测量器件或装置，能够完成信号获取任务，例如维持秩序的电子眼能够准确获得车速、车牌等信息。

（2）传感器的输入量是一个被测量，可以是物理量，也可以是生物量或者化学量等。

（3）传感器的输出量是某种物理量，主要是以电量的形式输出。

（4）输出与输入有对应关系，并且应该具有一定的精度，否则会因检测误差大，无法满足控制指标的要求，严重时还可能出现安全事故。

提示

不是所有的传感器必须包括敏感元件和转换元件。如果敏感元件可以直接输出电量，那么它就同时兼为转换元件；如果转换元件能直接感受被测量，并且输出与之成一定关系的电量，此时的传感器就没有敏感元件。最简单的传感器只有一个敏感元件，如热电偶、气敏电阻传感器；有些传感器由敏感元件和转换元件组成，没有接口电路，如压电式加速度传感器；有些传感器的传感元件不止一个，要经过多次转换。

二、传感器的分类

传感器的种类很多，其分类也不尽相同。同一传感器可以测量多种参数；同一参数又可由多种传感器测量。

按被测物理量（被测输入量）的性质，可分为温度传感器、湿敏传感器、位置传感器、力传感器、气敏传感器、流量传感器、转速传感器、振动传感器等。

按传感器的工作原理，可分为电阻式传感器、电容式传感器、电感式传感器、光电传感器、红外线传感器、磁敏传感器、霍尔传感器、电涡流传感器、压电式传感器等。

按使用材料，可分为金属传感器、半导体传感器、光纤传感器、陶瓷传感器、复合材料传感器等。

按能量关系，可分为有源传感器和无源传感器。

按输出信号的性质，可分为模拟式传感器和数字式传感器。

由于传感器种类繁多、功能和工作原理各异，它们的分类也不是绝对的，如利用光纤作为传输媒介的光纤传感器可以认为是按照使用材料划分的一种类型，而这种传感器在工作原理上又用到了光纤的传输特性，因此也可以认为是按照工作原理划分的一种类型。又如磁敏传感器、霍尔传感器、电涡流传感器等可以看做是几个不同类别的传感器，但因为它们的工作原理都是基于磁与电之间的物理特性，有时又可以把它们统称为磁电传感器。

三、传感器特性与选用

1. 传感器的特性

传感器的特性一般指输入、输出特性，它有静态、动态之分。传感器的静态特性是被测量处于稳定状态时的输入—输出特性，衡量静态特性的重要指标是线性度、灵敏度、迟滞、重复性、分辨力、漂移、稳定性等。传感器的动态特性是指当被测量是一个快变信号时，测量系统对于随时间变化的输入量的响应特性。传感器必须具有良好的静态和动态特性，才能使信号或能量按准确的规律转换。

（1）静态特性

1）线性度。线性度是指传感器输出量 y 与输入量 x 之间的实际关系曲线（静特性曲线）偏离直线的程度，又称为非线性误差。

从传感器的性能上看，希望它具有线性关系，但在实际应用中，大多数传感器的静特性曲线都是非线性的。为了得到线性关系，常引入各种非线性补偿环节，如采用非线性补偿电路或计算机软件进行线性处理。但如果传感器非线性的次方不高，输入量变化范围较小时，可用一条直线（切线或割线）近似地代表实际曲线的一段，如图1—4所示中的直线2称为拟合直线。实际特性曲线与拟合直线之间的偏差称为传感器的非线性误差。

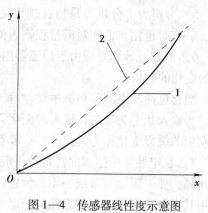

图1—4　传感器线性度示意图
1—实际曲线　2—拟合直线

2）灵敏度。灵敏度是指传感器的输出增量 Δy 与引起输出增量的输入增量 Δx 的比值，用 K 表示，即 $K = \dfrac{\Delta y}{\Delta x}$。

对于线性传感器来说，它的灵敏度 K 是个常数。

3）迟滞。迟滞是指传感器在正向（输入量增大）和反向（输入量减小）行程期间，输出—输入特性曲线不重合的现象，如图1—5所示。其中 ΔH_{max} 是正、反向行程输出值间的最大值。

产生这种现象的主要原因在于传感器敏感元件材料的物理性质和机械零部件的缺陷，例如：弹性敏感元件的弹性滞后、运动部件摩擦、传动机构的间隙、螺钉松动、元器件腐蚀或碎裂等。

4）重复性。重复性是指传感器在同一条件下，被测输入量按同一方向作全量程连续多次重复测量时，所得特性曲线一致的程度，如图1—6所示。ΔR_{max1} 和 ΔR_{max2} 分别是正、反向行程中的最大偏差。多次按相同输入条件测试的输出特性曲线越重合，重复性就越好，误差越小。

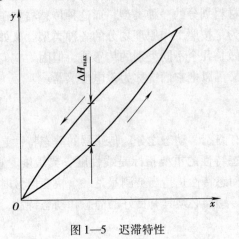

图1—5　迟滞特性　　　　　　　　　图1—6　重复特性

5）分辨力。分辨力是指在规定测量范围内传感器所能检测到的输入量的最小变化量Δx_{min}。有时也用该值相对满量程输入值的百分数来表示。

6）漂移。漂移是指由于传感器内部因素或外界干扰，传感器的输出量发生与输入量无关的变化的现象。

漂移包括零点漂移和灵敏度漂移，零点漂移或灵敏度漂移又可分为时间漂移和温度漂移。当输入状态为零时，输出的变化称为零点漂移；在规定的条件下，零点或灵敏度随时间而发生的缓慢变化称为时间漂移；零点或灵敏度随着温度的变化称为温度漂移。

7）稳定性。传感器的稳定性一般是指长期稳定性，是在室温条件下，经过相当长的时间间隔，如一天、一月或一年，传感器的输出与起始标定时的输出之间的差异，因此，通常又用其不稳定度来表征传感器的稳定程度。

（2）动态特性

传感器的动态特性是指其输出对随时间变化的输入量的响应特性。一个动态特性好的传感器，其输出将再现输入量的变化规律，即具有相同的时间函数。

实际上除了具有理想的比例特性外，多数的传感器在输入信号为动态时，输出信号与输入信号具有不同的时间函数，这种输出与输入间的差异被称为动态误差。影响动态误差的主要因素在于传感器的固有特性（如温度传感器的热惯性）。此外，传感器输入量的不同变化形式也会造成不同的动态误差。因此通常是在不同变化规律的输入的情况下，来考查传感器的动态特性的。

2. 传感器的选用

传感器在原理与结构上千差万别，要根据具体测量目的、测量对象及测量环境合理选择传感器，合理地选择适合条件的传感器。当传感器确定后，与之配套的测量方法和测量设备就可以确定了。测量结果是否真实、可靠，很大程度上取决于传感器的选择是否合理。

（1）根据测量对象与测量环境确定传感器类型

需要考虑的具体问题有：量程的大小；被测位置对传感器体积的要求；测量方式是

接触式还是非接触式；信号的引出方法；传感器的来源，是国产还是进口，价格是否能承受。在考虑上述问题后，再确定选用何种传感器，然后再考虑传感器的具体性能指标。

（2）灵敏度的要求

通常人们希望在传感器的线性范围内，灵敏度越高越好。但是需要注意的是，灵敏度越高，与被测量无关的外界噪声也越容易混入，影响测量精度。因此，要求传感器应具有比较高的信噪比，尽量减少从外界引入的干扰信号。

（3）线性范围的要求

传感器的线性范围是指输出与输入成正比的范围。传感器的线性范围越宽，其量程越大，并且能保证一定的测量精度。在选择传感器时，当传感器种类确定后首先要看其量程是否能够满足要求。

（4）稳定性的要求

传感器使用一段时间后，其性能保持不变化的能力称为稳定性。影响传感器长期稳定性的因素除了传感器本身的结构外，主要是传感器的使用环境。因此，要求传感器必须要有较强的适应环境的能力。

（5）精度的要求

精度是传感器的一个重要指标，它是关系到整个测量系统测量精度的一个重要环节。传感器精度越高，其价格越昂贵，因此传感器精度只要满足整个测量系统的精度要求就可以，不必选择过高。

四、传感器的保养与维护

1. 传感器的使用保养

在传感器使用过程中，应注意以下问题：

（1）精度较高的传感器都需要定期校准，一般每 3~6 个月校准一次。

（2）传感器通过插头与供电电源和仪表连接时，应注意引线不能接错。

（3）各种传感器都有一定的过载能力，但使用时尽量不要超过量程。

（4）在搬运和使用过程中，注意不要损坏传感器探头。

（5）传感器不使用时，应存放于温度为 10~35℃、相对湿度不大于 85%、无酸、无碱、无腐蚀性气体的室内。

2. 传感器的常用检查方法

（1）调查法

通过对故障现象和它产生发展的过程进行调查了解，分析判断故障原因。

（2）直观检查法

通过人的感官（眼、耳、鼻、手）的观察发现故障。分为外观检查和开机检查。外观检查即通过观察传感器外观有无异样来判断故障原因，开机检查即观察传感器在运行中的状态来判断故障原因。

（3）替换法

通过更换传感器或线路板以确定故障部位。用规格相同、性能良好的元器件替换怀疑的元器件，然后通电试验，如故障消失，则可确定所怀疑的元器件是故障所在。

3. 传感器常见故障的检修方法

（1）传感器本身故障

由于传感器本身出现故障，而不能发出正确信号或波形，这种情况下需要更换传感器或检修其内部部件。

（2）传感器连接电缆故障

这种故障出现的概率最高，维修中经常会遇到，应是优先考虑的因素。故障现象通常为传感器电缆断路、短路或接触不良，这时需要更换电缆或接头。应特别注意是否由于电缆固定不紧，造成松动引起开焊或断路，这时需卡紧电缆。

（3）传感器被污染故障

由于传感器工作环境恶劣或工作时间长久，有灰尘、油污等附着在传感器上，使传感器接收不到信号，从而导致其不工作或者误动作。这时要及时清除污染物。

（4）电池电源故障

有些传感器在工作时需要有电池支持，主要是用来记忆数据或程序，这些电池都有使用期限，由于使用期限一般都比较长，所以平时往往不加注意。一旦出现故障报警，就要去检查电池是否用完或接触是否良好。

（5）传感器安装松动

这种故障会影响位置控制精度，造成停止和移动中位置偏差量超差，甚至刚一开机即报警。

（6）屏蔽线未接或脱离

对传输要求比较高的传感器，为了防止干扰，其传输电缆要加装屏蔽线，如果屏蔽线未接或脱落，会引入干扰信号，使波形不稳定，影响通信的准确性，所以必须保证屏蔽线可靠地焊接及接地。

第二节　测量基本知识

一、测量的概念

测量是指人们借助于专门的设备，通过实验的方法，将被测量与同性质的单位标准量进行比较，并确定被测量对标准量的倍数，从而获得关于被测量的定量信息的方法。在测量的过程中使用的标准量应是国际或国内公认的性能稳定的量，称为测量单位。

 提示

测量结果包括数值大小及其符号和测量单位两部分，在测量结果中必须注明单位，否则测量结果毫无意义。测量过程的核心是将被测量与标准量进行比较。

二、测量的方法

测量过程有三个要素：测量单位、测量方法和测量仪器与设备。按照被测对象的特点，选择合适的测量仪器与测量方法；通过测量、数据处理和误差分析，准确得到被测量的数值。

测量方法是实现测量过程所采用的具体方法。应该根据被测量的性质、特点和测量任务的要求来选择适当的测量方法。

1. 按照测量过程的特点分类

可将测量方法分为直接测量和间接测量。

（1）直接测量

直接测量是针对被测量选用专用仪表进行测量，直接获取被测量值的过程，如用温度表测量温度等。

（2）间接测量

用直接测量法得到与被测量有确切函数关系的一些物理量，然后通过计算求得被测量值的过程称为间接测量。

2. 按照检测时对偏差的处理方式分类

可分为偏差式测量、零位式测量和微差式测量。

（1）偏差式测量

用事先标定好的测量仪器进行测量，根据被测量引起显示器的偏移值，直接读取被测量的值。它是工程上应用较多的一种测量方法。

（2）零位式测量

将被测量 x 与某一已知标准量 s 完全抵消，使作用到检查仪表上的效应等于零，如天平或电位差计等。测量精度取决于标准量的精度，与测量仪表精度无关，因而测量精度较高，这种测量方法在计量工作中应用很广。

（3）微差式测量

将零位测量和偏差测量结合起来，把被测量的大部分抵消，选用灵敏度较高的仪表测量剩余部分的数值，被测量便等于标准量和仪表偏差值之和。

3. 根据传感器是否与被测量对象直接接触分类

可分为接触式测量和非接触式测量。

（1）接触式测量

检测仪表的传感器与被测对象直接接触，承受被测参数的作用，感受其变化，从而获得信号，并测量其信号大小的方法，称为接触式测量。

（2）非接触式测量

检测仪表的传感器不与被测对象直接接触，而是间接承受被测参数的作用，感受其变化，从而获得信号，以达到测量目的的方法，称为非接触式测量。非接触式测量法不干扰被测对象，既可对局部点检测，又可对整体扫描，特别适用于腐蚀性介质及危险场合的参数检测，更方便、安全、准确。

4. 根据被测对象是否随时间变化而变化的特点分类

可分为静态测量和动态测量。

（1）静态测量

静态测量是指被测对象处于稳定情况下的测量。此时被测参数不随时间而变化，故又称稳态测量。

（2）动态测量

动态测量是指在被测对象处于不稳定情况下进行的测量。此时被测参数随时间变化而变化。因此，这种测量必须在瞬时完成，才能得到动态参数的测量结果。

三、测量误差与分类

在一定的时间及空间条件下，某物理量所体现的真实数值称为真值，真值在实际中无法测量出来，因此在合理的前提下，人们要求测量结果越逼近真值越好。为了使用或比较方便，通常用约定真值来代替真值，约定真值与真值的差可以忽略。在实际中，用测量仪表对被测量进行测量时，测量结果与被测量的约定真值之间的差值则称为误差。

在检测的过程中，被测对象、检测系统、检测方法和检测人员都会受到各种变动因素的影响。任何测量方法测出的数值不可能是绝对准确的，因此误差总是存在的。误差产生的原因一方面是测量设备、仪表、测量方法等因素引起的误差；另一方面是由人员本身受到周围环境的影响而引起的误差。

为了便于对误差进行分析和处理，人们通常把测量误差从不同的角度进行分类。按照误差的表示方法分为：绝对误差和相对误差；按误差出现的规律分为：系统误差、随机误差和粗大误差。

1. 绝对误差和相对误差

（1）绝对误差

某一物理量的测量值 X 与真值 A_0 的差值称为绝对误差 ΔX。

$$\Delta X = X - A_0 \tag{1—1}$$

（2）相对误差

仪表指示值的绝对误差 ΔX 与被测量真值 A_0 的比值称为相对误差，常用百分数表示。

$$\delta = \frac{\Delta X}{A_0} \times 100\% \tag{1—2}$$

 提示

绝对误差越小，说明测得的结果越接近于真值，即测量精度越高。但这一结论只适应于被测值相同的情况。

2. 系统误差、随机误差和粗大误差

（1）系统误差

在相同条件下，多次测量同一量时，误差的大小保持不变，或按一定规律变化，这种误差称为系统误差。系统误差表明了一个测量值偏离真实值的程度，系统误差越小，测量就越准确，测量精度由系统误差来判断。

（2）随机误差

在相同的条件下，多次测量同一量时，其误差的大小以不可预见的方式变化，这种误差称为随机误差。随机误差是由很多复杂的微小的因素引起的综合结果。随机误差表现了测量结果的分散性，随机误差越小，精密度越高。

（3）粗大误差

在一定条件下测量结果显著偏离其实际值所对应的误差，称为粗大误差。其主要是由人为因素造成的。例如，测量人员工作时疏忽大意，出现了读数错误、记录错误或操作不当等。另外，粗大误差也可由测量方法不当造成，比如测量条件意外发生变化等。在测量结果中，如果发现某次测量结果所对应的误差特别大或者特别小时，应该认真判断是否属于粗大误差，如果是粗大误差，应将此次的测量结果舍去不用。

 本章小结

本章主要介绍传感器技术方面的基本知识，为继续学习各类传感器件的功能和特性做准备。本章知识要点如下：

1. 传感器是利用物理、化学、生物等学科的某些效应或原理，按照一定的制造工艺研制出来的，由某一原理设计的传感器可以测量多种参量，而某一参量可以用不同的传感器测量。因此，传感器的分类方法繁多，既可以按照被测量来分，也可以按照工作原理来分。

2. 传感器的特性有静态特性和动态特性之分，静态特性主要有线性度、灵敏度、重复性、温漂及零漂等，而动态特性主要考虑它能否满足系统的要求。

第二章

光电类传感器

光电传感器采用光电器件作为检测元件，先将被测量的变化转换成光信号的变化，然后借助光电器件将光信号转换成电信号。狭义上讲，光电传感器是指基于光电效应工作的传感器。广义上，还包括各种利用光学和电学原理工作的传感器，如利用物体产生红外线的特性实现自动检测的红外传感器、利用光导纤维进行工作的光纤传感器等。

第一节　　光电传感器

一、光电传感器的组成

光电传感器在测量系统中，一般先将被测量转换成光通量，再经过光电元件转换成电量，进行显示、记录或控制。

光电传感器主要由光源、光学通路、光电器件和测量电路组成。如图 2—1 所示。

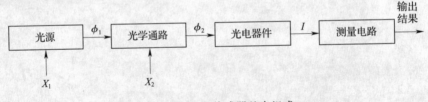

图 2—1　光电传感器基本组成

X_1、X_2—被测量　　Φ_1、Φ_2—光通量　　I—电流

1. 光源

光电传感器中的光源可采用白炽灯、气体放电灯、激光器、发光二极管，以及能够发射可见光谱、紫外线光谱和红外线光谱的器件。

2. 光学通路

光学通路中常用的光学元件有透镜、滤光片、光栅、光导纤维等，主要用来对光参数进行选择、调制和处理。

被测信号有两种方式转换成光通量的变化，一种方式是被测量 X_1 直接对光源进行作用，使光通量 Φ_1 发生变化；另一种方式是被测量 X_2 作用于光学通路，使传播过程中的光通量 Φ_2 发生变化。

3. 光电器件

光电器件的作用是检测照射在光电器件上的光通量的变化，并转换成为电信号的变化。

4. 测量电路

由于光电器件输出信号较小，因此需要采用测量电路对信号进行放大和转换处理，把光电器件输出的电信号转换成后续电路可用的信号。

二、光电传感器的基本类型

按照光电传感器中光电输出信号的形式可以将光电传感器分为模拟式和脉冲式两种。所谓模拟式光电传感器是把被测量转换成连续变化的光电流；脉冲式光电传感器是把被测量转换为脉冲信号，即输出信号只有"通""断"两种开关状态。

在模拟光电式传感器中，根据被测物、光源、光电器件之间的关系，可以分为直射式、透射式、反射式和遮蔽式四种类型（见图2—2）。

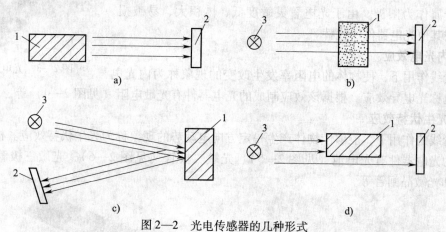

图2—2　光电传感器的几种形式

a）直射式光电传感器　b）透射式光电传感器　c）反射式光电传感器　d）遮蔽式光电传感器

1—被测物　2—光电器件　3—恒光源

1. 直射式

如图2—2a所示，光源本身就是被测物体，被测物发出的光投射到光电器件上，产生光电流输出，因此直射式光电传感器常用在光电比色高温计和照度计上。

2. 透射式

如图2—2b所示，恒光源发射的光通量一部分由被测物体吸收，另一部分则穿过被测物体透射到光电器件上，因此透射式光电传感器常用于测量透明体，分析气体成分等。

3. 反射式

如图2—2c所示，恒光源发出的光通量投射到物体上，然后从被测物表面反射到光电器件上。由于反射光通量的多少取决于被测对象的性质和状态，因此反射式光电传感器常用于测量工件表面粗糙度、纸张的白度等。

4. 遮蔽式

如图2—2d所示，恒光源发射出的光通量投射到被测物体上，受到被测物体的遮蔽，使照射到光电器件上的光通量改变，光电器件的输出反映了被测物体的尺寸。因此遮蔽式光电传感器常用于物体几何尺寸的测量、振动的测量等。

三、光电效应

光电传感器中最重要的部件是光电器件，它是基于光电效应进行工作的。所谓的光电效应是指用光照射某一物体时，物体受到具有能量的光子轰击，组成该物体的材料吸收光子能量而发生相应电效应的物理现象。通常光电效应分为外光电效应、内光电效应和光生伏特效应。根据不同的光电效应可以制成不同的光电转换器件。

1. 外光电效应

在光线的作用下，物体内的电子逸出物体表面向外发射的现象称为外光电效应。基于外光电效应的光电器件有光电管（见图2—3）、光电倍增管等。光电管分为真空光电管和充气光电管两种。光电管的典型结构是将球形玻璃壳抽成真空或充入惰性气体，在内半球面上涂一层光电材料作为阴极，球心放置小球形或小环形金属作为阳极。由于光电管灵敏度低、体积大、易破损，目前已被其他光电器件所代替。

图2—3　光电管

2. 内光电效应

在光线作用下，使物体的电阻率发生改变的现象称为内光电效应，也称光电导效应。根据该效应制成的光电器件有光敏电阻（见图2—4）等。

3. 光生伏特效应

在光线的作用下，能够使物体产生一定方向电动势的现象称为光生伏特效应。根据该效应制成的光电器件有光电池（见图2—5）、光敏二极管（见图2—6）、光敏三极管（见图2—7）和光敏晶闸管等。

图2—4　光敏电阻

图2—5　光电池

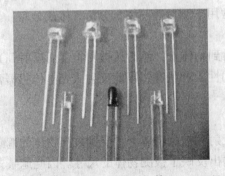

图2—6　光敏二极管

图2—7　光敏三极管

四、光电器件

1．光敏电阻

（1）工作特性

光敏电阻是一种利用内光电效应制成的光电器件，其电阻值随入射光的强弱而改变。它没有极性，是一个电阻器件，使用时既可加直流电压，也可以加交流电压，电路符号如图2—8所示。制作光敏电阻的材料种类很多，如金属的硫化物、硒化物和锑化物等半导体材料，目前生产的光敏电阻主要由硫化镉制成。

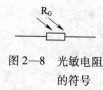

图2—8　光敏电阻
的符号

（2）主要参数

1）暗电阻、暗电流。光敏电阻在无光照射、全暗条件下，经一定时间稳定之后，测得的电阻值称为暗电阻，此时流过的电流称为暗电流。

2）亮电阻、亮电流。光敏电阻在某一光照下的电阻值称为亮电阻，此时流过的电流称为亮电流。

3）光电流。无光照时，光敏电阻的阻值（暗电阻）很大，回路中电流（暗电流）很小。当光敏电阻受到一定范围波长的光照时，它的阻值（亮电阻）急剧减小，回路中电流（亮电流）迅速增大。光照越强，阻值越小，亮电流越大。

亮电流与暗电流之差称为光电流。一般暗电阻越大，亮电阻越小，两者的阻值相差越大，光敏电阻的灵敏度越高。实际光敏电阻的暗电阻一般在 $1 \sim 100 \ \mathrm{M\Omega}$，亮电阻在几千欧姆以内。

（3）基本特性

1）伏安特性。指在一定照度下，光敏电阻两端的电压与光电流之间的关系，如图2—9所示。光敏电阻在一定的电压范围内，其伏安特性为通过原点的直线，电压越大，光电流越大。不同光照度下，直线的斜率不同，说明光敏电阻的电阻值与入射光量有关，而与电压、电流大小无关。图中的曲线（虚线）是最大连续功耗功率500 mW的允许功耗曲线。在应用时，光敏电阻有最大的额定功率、最高工作电压、最大额定电流，工作点应选择在该曲线以内。

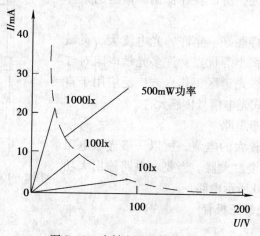

图2—9　光敏电阻的伏安特性

提示

照度是反映光照强度的一个物理量，用单位面积上的光通量来表示。勒克斯 lx 是照度的单位。对同一个光源而言，距离光源的远近不同，光照度就不相同。下面给出几种环境中的光照度的值。

一般情况下：夏季中午在太阳光直接照射下为 10^5 lx，夏天明朗的室内为 $100 \sim 500$ lx，阴天室外为 10 000 lx，室内日光灯为 100 lx，距 60 W 台灯 60 cm 桌面为 300 lx，烛光（20 cm 远处）为 $10 \sim 15$ lx，在满月下为 0.2 lx。

2）光照特性。指光电流和光照强度之间关系的特性。不同材料的光敏电阻，光照特性不同，绝大多数光敏电阻的光照特性是非线性的。因此光敏电阻不能用于光的精确测量，只能做开关式的光电转换器件。

3）光谱特性。指光敏电阻的相对灵敏度与入射光波长的关系特性，也称为光谱响应。光敏电阻对入射光的光谱具有选择作用，即对不同波长的入射光有不同的灵敏度。因此为了提高检测灵敏度，应选择光谱特性峰值的波长与光源的发光波长相接近的光敏电阻。例如硫化镉光敏电阻的光谱响应峰值在可见光区域，常被用作光度测量（照度计）的探头；硫化铅光敏电阻光谱响应峰值在近红外和中红外区，常用作火焰探测器的探头。

4）响应时间。实验证明，光敏电阻受光照射后，光电流需要一定的上升延迟时间，才能达到稳定值；同样，当停止光照后，光电流需要一定的下降延迟时间，才能达到暗电流的值，这就是光敏电阻的响应时间，通常用 t 表示。不同材料的光敏电阻具有不同的响应时间（毫秒数量级）。大多数光敏电阻的响应时间都较长，这是它的缺点之一，因此不能用于测量要求快速反应的场合。

5）温度特性。指光敏电阻和其他半导体器件一样，受温度影响较大。温度升高时，灵敏度和暗电阻都会下降。例如响应于红外线区的硫化铅光敏电阻受温度影响较大，所以要在低温、恒温的条件下使用。

光敏电阻具有光谱特性好、允许的光电流大、灵敏度高、使用寿命长、体积小等优点，许多光敏电阻对红外线敏感，适宜在红外线光谱区工作，被广泛应用于自动化技术中，作为开关式光电信号传感元件。

（4）光敏电阻的测量电路

光敏电阻允许通过较大的电流，所以一般光敏电阻的测量电路中不需要配接放大器。当要求电路输出大功率时，可采用如图 2—10 所示电路。

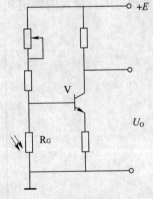

图 2—10　光敏电阻功率输出电路

2. 光敏二极管和光敏三极管

如图 2—11 所示。

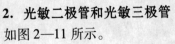

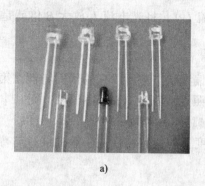
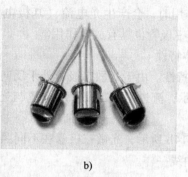

图2—11　光敏二极管和光敏三极管

a）光敏二极管　b）光敏三极管

（1）结构和符号

1）光敏二极管和普通二极管相比，虽然都属于单向导电的非线性半导体器件，但在结构上有其特殊的地方。光敏二极管装在透明玻璃外壳中，其 PN 结装在管的顶部，可以直接受到光的照射。图2—12 所示为光敏二极管的结构示意和图形符号。

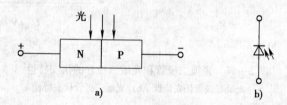

图2—12　光敏二极管的结构和符号

a）结构示意图　b）图形符号

　　光敏二极管在电路中通常处于反向偏置工作状态；当无光照射时，反向电阻很大，反向电流（暗电流）很小。因此光敏二极管在不受光照射时处于截止状态，受光照射时处于导通状态。

　　2）光敏三极管与普通三极管很相似，具有两个 PN 结，如图2—13 所示。不同之处是光敏三极管必须有一个对光敏感的 PN 结作为感光面，一般用集电结作为受光区，因此，光敏三极管实质上是一种相当于在基极和集电极之间接有光敏二极管的普通三极管。

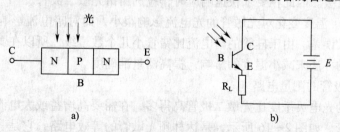

图2—13　光敏三极管的结构和基本工作电路

a）结构示意图　b）基本工作电路

　　在电路中，大多数光敏三极管的基极无引出线，因而见到的光敏三极管有时只有两个管脚。工作时，要求发射结正偏，集电结反偏。无光照射时，光敏三极管只有很小的暗电流；

当有光照射作用时，会产生光电流（基极电流 I_B），将光电流 I_B 放大 β 倍就是集电极电流 I_C，所以光敏三极管也具有放大作用。

（2）基本特性

1）伏安特性。由于光敏二极管处于反向偏置状态，所以它的伏安特性在第三象限。如图 2—14a 所示，流过光敏二极管的电流与光照度成正比（间隔相等），而基本上与反向偏置电压无关。

如图 2—14b 所示，光敏三极管在不同照度下的伏安特性是一簇曲线，与普通的三极管的输出特性曲线一样。

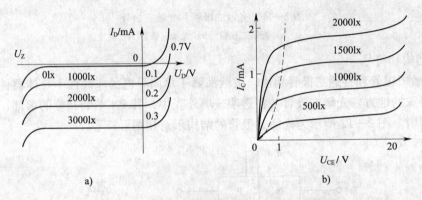

a)   b)

图 2—14 光敏二极管和光敏三极管的伏安特性

a）光敏二极管伏安特性 b）光敏三极管伏安特性

2）光照特性。如图 2—15 所示，光敏二极管的光电流与光照度呈线性关系，适于作检测元件。光敏三极管的光照特性曲线呈非线性，但其灵敏度较高。

3）光谱特性。由光谱特性可以确定光源与光电器件的最佳匹配。在探测可见光或赤热状态的物体时，一般都用硅管；探测红外线时，用锗管较为适宜；砷化镓对紫外线特别敏感，可以用于测量太阳光的紫外线。

4）响应特性。光敏二极管的响应特性是半导体光电器件中最好的一种，响应时间约为 10 μs。光敏三极管的响应速度比相应的二极管大约慢了一个数量级，而锗管的响应时间要比硅管小一个数量级。因此在要求快速响应时，应选用锗光敏二极管。

5）温度特性。温度变化对光敏管的光电流影响很小，而对暗电流影响很大，这给微弱光的测量带来较大误差。由于硅管的暗电流比锗管小几个数量级，所以在弱光测量中应采用硅管，并用差动的办法来减小温度的影响，提高测量准确度。

（3）光敏三极管的测量电路

光敏三极管的光电灵敏度比光敏二极管高得多，在需要高增益或大电流输出的场合，常采用达林顿光敏管。如图 2—16 所示，是达林顿光敏管的等效电路，它是一个光敏三极管和一个晶体三极管以共集电极连接方式构成的集成器件。由于增加了一级电流放大，所以输出电流能力大大加强，甚至可以不经过进一步放大，便可直接驱动灵敏继电器。但由于无光照时的暗电流也增大，因此适合于开关状态或信号的光电变换的场合。

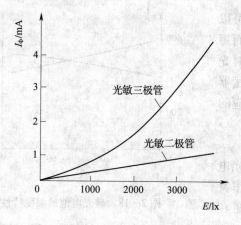

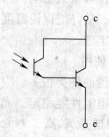

图2—15　光敏二极管和光敏三极管的光照特性　　　　图2—16　达林顿光敏管

3. 光电池

（1）工作原理

光电池是基于光生伏特效应的原理制成，也称太阳能电池，是一种直接将光能转换为电能的光电器件。光电池在有光线作用时即可作为电源。光电池的结构示意和符号如图2—17所示。

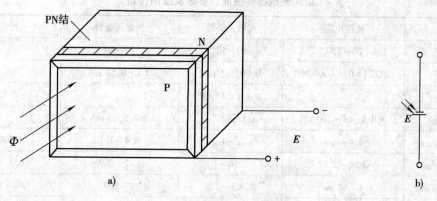

图2—17　光电池的结构和符号

a）结构示意图　b）符号

（2）基本特性

1）光照特性。光电池在不同光照度下，短路电流在很大范围内与光照强度呈线性关系，开路电压（即负载电阻 R_L 无限大时两端的电压）与光照度呈非线性关系，并且在光照度为 2 000 lx 照射下，就出现饱和特性。因此，光电池作为测量元件使用时，应把它当作为电流源使用，不用作电压源。这是光电池的主要优点之一。

2）光谱特性。光电池对不同波长的光的灵敏度不同。相比硒光电池，硅光电池可以在很宽的波长范围内得到应用。

3）温度特性。是指光电池的开路电压 U_{OC} 和短路电流 I_{SC} 随温度变化的关系。温度特性关系到应用光电池的仪器或设备的温度漂移，以及测量精度或控制精度等重要指标，因此它是光电池的重要特性之一。从图2—18 中可以看出，开路电压随温度升高而快速下降，而短路电流随温度升高而缓慢增加。由于温度对光电池的工作有很大影响，因此把它作为测量器件使用时，最好能保证温度恒定或采取相应的温度补偿措施。

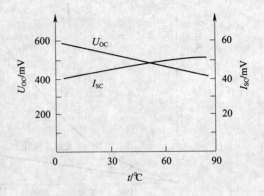

图2—18　硅光电池的温度特性

（3）使用

光电池的种类很多，应用最广的是硅光电池。硅光电池性能稳定，光谱范围宽，频率特性好，传递效率高，寿命长，使用温度在 −55 ~ 125℃范围内。它受潮或受油污后较容易使蓝色膜（光电池表面的一层一氧化硅抗反射膜，用于减少光线在硅光电池表面的反射）脱落，故不要用手直接触摸电池片，并要尽量防止受潮。

五、光电器件的性能及特点

光电传感器的特性及功能主要由光电器件来决定，几种常用光电器件性能、参数及应用特点的对比见表2—1。

表2—1　　　　　　　　　　常用光电器件性能、参数及应用特点

类型	光敏电阻	光敏二极管	光敏三极管	光电池
工作电压/V	20 ~ 150	10 ~ 50	10 ~ 50	
暗电流	暗电阻≥0.1 ~ 100 MΩ	0.001 ~ 1 μA	0.1 ~ 0.51 μA	
灵敏度		≥0.4 μA/μW		(0.13 ~ 0.35) μA/μW
光电流	光电阻≤1 ~ 100 kΩ	1 μA ~ 1.5 mA	≥0.5 ~ 5 mA	
光谱范围/μm	0.4 ~ 0.8	0.21 ~ 1.14	0.4 ~ 1.1	0.4 ~ 1.1
峰值波长/μm	0.54 ~ 0.57	0.56 ~ 1	0.72 ~ 0.96	0.8 ~ 0.9
响应时间/μs	4 ~ 40 ms	0.003 ~ 0.5	1 ~ 100	1 ~ 103
工作温度/℃	−30 ~ 60	−30 ~ 120	−55 ~ 125	−50 ~ 100
应用特点	具有较高的灵敏度、线性度，构造简单，工作稳定性好，使用方便	响应速度快，噪声低，在很宽的范围内有很好的线性，灵敏度低	灵敏度高，线性动态范围宽，光谱范围宽，输出阻抗低，响应速度低于光敏二极管，受温度影响大	转换效率高，寿命长，光谱范围宽，价格便宜，能承受各种环境变化，响应时间比光敏二极管长

六、光电传感器的应用

1. 光电式转速计

光电式传感器测转速有透射式和反射式两种形式。透射式光电转速计工作原理如图2—19所示，将一个带孔的圆盘装在转轴上，圆盘的一侧放置光源，另一侧放置光电器件。

工作时，圆盘随转轴每转动一圈，光线就透过小孔一次，光电器件就可以接收光信号，并将其转换成一个电脉冲信号。转轴连续转动，光电器件就输出一系列电脉冲信号，脉冲个数和转速成正比，再将电脉冲信号输入计数器进行计数和显示，就可以测出转速。

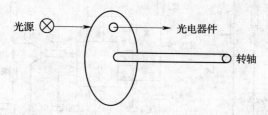

图 2—19　透射式光电转速计工作原理

反射式光电转速计的工作原理如图 2—20 所示，被测转轴上贴有反射纸，反射纸上画有等间隔的对光反射强弱不同的条纹。从光源发出的光线，经透镜 1 成为平行光，照射在半透膜片上，一部分光被膜片反射后经透镜 2 会聚于一光点。如果此光点恰好照在反射纸上强反射条纹上，反射光的强度就大，光电器件产生的光电流也就大；反之，光电流就小。这样随着转轴转动，光电器件将输出与反射条纹数目相等的脉冲电信号，脉冲的频率与转速成正比，再经测量电路处理后，就可以得到转轴的转速。

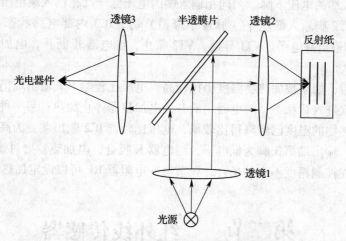

图 2—20　反射式光电转速计工作原理

光电式传感器测转速是一种快速测速法，方法简单，测速范围广，最高速可达 25 000 r/min，而且精度也较高。

2. 光感自动温控仪

光感自动温控仪电路如图 2—21 所示，它主要由三端集成稳压器 IC1（7806）、集成运算放大器 IC2 和 NE555 定时器 IC3 组成。其中，集成运算放大器构成电压比较电路，NE555 定时器构成单稳态延时触发器电路。物体被加热后温度不同，发出光的照度也不同，光敏二极管 V2 装在一个细圆柱形筒内对准加热点，通过感受光的变化实现温度的自动控制。V1 是三端集成稳压器 IC1 的保护二极管；V3 用来保护三极管 VT2，防止 VT2 被继电器线圈断电时产生的感应电动势所击穿。K 是一个继电器，继电器用来控制电加热器的工作。

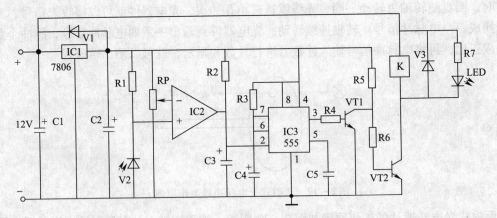

图2—21　光感自动温控仪

　　工作时，当被加热物体温度不太高时，电压比较器 IC2 输出高电平，延时后送到 IC3 的第 2 脚低电平触发控制端，使 IC3（单稳态延时触发器电路）处于稳态，IC3 的输出端第 3 脚为低电平，VT1 截止，VT2 饱和导通，继电器 K 吸合，电加热器得电，对物体继续加热。

　　随着被加热物体温度的升高，白炽程度变强，光敏二极管 V2 的反向电流增大，电压比较器 IC2 同相输入端的电压下降。当同相输入端的电压低于反相输入端电压时，其输出变为低电平。当 IC3 第 2 脚输入低电平（脉冲下降沿）时，IC3 内部电路状态翻转，进入暂稳态，IC3 的第 3 脚输出高电平。VT1 导通，VT2 截止，继电器 K 断开，电加热器失电停止加热。

　　暂稳态结束后，如果被加热物温度仍比较高，电压比较器 IC2 输出端仍为低电平，则单稳态触发电路再次进入暂稳态，继电器仍断开，电加热器停止加热；另一种情况，暂稳态结束后，如果被加热物的温度已经降得比较低，电压比较器 IC2 输出端变为高电平，单稳态触发电路保持稳态，输出端第 3 脚为低电平，继电器 K 吸合，电加热器再对物体加热。

　　此电路常用在控制精度不高的场合，调节可变电阻器 RP 可以设定加热温度。

第二节　　红外线传感器

　　在自然界中，任何温度高于绝对零度（－273.15℃）的物体都能够向外辐射红外线，这种现象就是红外辐射。红外辐射是由物体内部分子运动产生的，这类运动和物体的温度相关，例如：人体、火焰，甚至冰都会辐射出红外线，只是其辐射的红外线波长不同而已，温度越低的物体，辐射的红外线波长越长。

　　红外线传感器的功能就是能够检测物体辐射出的红外线并将其转换成电信号。目前红外线传感器广泛应用于温度检测、自动控制、遥感、成像等领域。

一、红外线传感器类型

　　红外线传感器根据其所依据的物理效应和工作原理的不同，分为热电（热敏）型和量子型（光敏）两大类。热电型红外线传感器主要用于检测物体自身温度下所产生的红外线，其灵敏度低，响应速度慢，价格便宜，能在室温下工作；量子型红外线传感器的灵敏度高，响应速度快，但其灵敏度主要与波长有关。

1. 热电型红外线传感器

热电型红外线传感器包括热电偶式、电容式和热释电式等，它们是利用红外线辐射的热效应工作的，采用热敏元件先将红外线能量转换成本身温度的变化，然后利用热电效应产生响应的电信号。热电偶式、电容式传感器在后续的章节中还会介绍，这里只介绍热释电式传感器。

某些强介电常数物质的表面温度发生变化，随着温度的上升或下降，在这些物质表面就会产生电荷的变化，这种现象称为热电效应。能够产生热电效应的物质称为热释电体或热释电元件，常用的材料有陶瓷氧化物及压电晶体、硫酸三甘肽等。

热释电式红外线传感器是基于热电效应原理的热电型红外线传感器，它能检测人或某些动物发射的红外线并将其转换成电信号输出，是目前应用比较广泛的传感器。

当有红外线辐射到热释电体上时，热释电元件温度发生变化，在热释电体表面引起电荷极化。如果将负载电阻与热释电元件相连，就会在负载电阻上产生一个电信号输出，输出电信号的强弱取决于温度变化的快慢，从而反映出入射的红外线辐射的强弱；当恒定的红外线辐射在热释电元件上时，温度没有变化，就没有电信号输出。所以由热释电元件制成的传感器能检测人体或者动物的活动。

2. 量子型红外线传感器

量子型红外线传感器包括光电导式、光生伏特效应式和光磁电式等，它们是利用红外辐射的光电效应工作的，采用光敏元件，可直接把红外线能量转换成电能，其灵敏度高、响应速度快，但其红外波长响应范围窄，有的还需在低温条件下才能使用。量子型红外线传感器广泛应用在遥感等方面。

二、热释电型红外线传感器

热释电红外线传感器是 20 世纪 80 年代末期出现的用于检测物体热辐射所产生的红外线，从而对物体进行测距、测温、监控等的一种新型非接触传感器，如图 2—22 所示。

图 2—22 热释电红外线传感器实物图

热释电红外线传感器的基本结构及等效电路如图 2—23 和图 2—24 所示。传感器的敏感元件是由 PZT（锆钛酸铅压电陶瓷）或其他材料制成的，在其上下两面做上电极，并在其表面上加一层黑色氧化膜以提高其转换效率。它的等效电路是一个在负载电阻 R_s 上并联一个电容的电流发生器，其输出阻抗极高，而且输出电压信号又极其微弱，故在管内附有 FET

（场效应晶体管）放大器及厚膜电阻，以达到阻抗变换的目的。在管壳的顶部设有滤光镜，而树脂封装的则设在侧面。

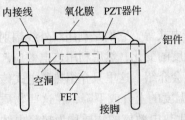
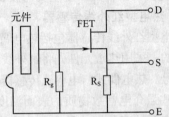

图2—23 热释电红外线传感器基本结构　　　图2—24 热释电红外线传感器等效电路

 提示

有些热释电红外线传感器内部没有负载电阻 R_S，因此需要在传感器的外部电路上配置一个 R_S。

三、热释电型红外线传感器的应用

1. 红外线遥控电路

彩色电视机、DVD、空调机等，都配有遥控操作器，如图2—25 所示，它不仅使用方便，还可以延长上述家用电器的操作按键使用寿命。

图2—25 电视机红外线遥控器

遥控器就是利用红外线传感器进行工作的，是红外线传感器在生活中的典型应用。以家用电视机为例，其红外线遥控系统由红外线发射和红外线接收两部分电路组成（见图2—26）。

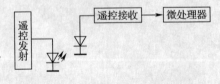

图2—26 红外线遥控电路方框图

红外线遥控发射电路和操作按键都装在遥控器的盒内，它由键盘矩阵、编码调制放大电路、晶体振荡电路和红外发光二极管组成。发光二极管可以发出人眼看不见的间断的红外线。按动操作键盘上的每一个功能键，电路对相应的指令信号进行脉冲编码调制（采用 PCM 方式），再经放大后驱动发光二极管，将功能信号以红外线的形式发射出去。

红外线遥控接收电路装在电视机内，接收装置位于电视机的前面板上。该接收装置由光滤波器、光敏二极管、微处理器等电路组成。光敏二极管是接收红外线信号专用的使用特殊工艺制造的二极管。它接收经光滤波器滤过的红外线遥控信号，并将信号送到限幅放大器放大，将杂散信号抑制掉，再进行峰值检波。检波后的编码信号，经整形电路变换为规定的脉冲波形，送入控制系统微处理器中，微处理器再输出功能程序信号，对电视机的工作状态进行控制。

2. 热释电红外线传感器楼道照明灯开关

图 2—27 所示为楼道照明灯节能开关电路，此照明开关装于楼道出入口。白天，照明灯自动停止工作。夜晚，行人由楼道口出入时，照明灯自动点亮，经过一段时间后熄灭。

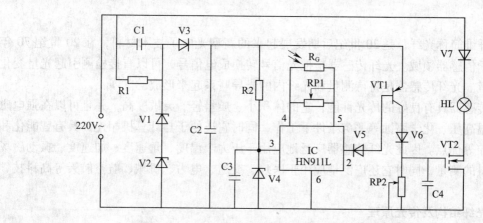

图 2—27　热释电红外线传感器楼道照明灯开关电路

电路包括一个新型的热释电红外线探测模块 IC（HN911L）和一只 V-MOS 管 VT2。HN911L 内电路包括高灵敏度红外线传感器、放大器信号处理电路、输出电路等。V-MOS 场效应管输入阻抗很高，因而接在栅源间的电容 C4 充电后，放电时间常数很大，可实现延时功能。R_G 是硫化镉（CdS）制成的光敏电阻，白天受光照时，电阻极小，使 IC 的增益很小，不工作；在夜间 R_G 阻值很大，IC 恢复工作。R_G 可暴露在灯光下，因为 VT2 一旦导通，即使 VT1 立即截止，VT2 仍可由 C4 放电来维持工作。电路中，RP1 为热释电红外线探测模块 IC 的增益调节电位器，RP2 为照明延时时间调整电位器。

具体工作原理：电路接入 220 V 交流电压，输入负半周电压信号时，V1 和 V2 导通，起旁路作用；当输入正半周时，V1 和 V2 反偏，起稳压作用。信号经 V3 整流、C2 滤波后得到 12 V 直流电压。12 V 电压分为两路，一路为 VT1 提供电源，另一路经 R2 降压、V4 稳压、C3 滤波后得到 6 V 稳定的直流电压，作为 IC 的电源。

当 IC 未探测到人体的红外线信号时，输出端 2 脚为高电平，VT1、VT2 截止，灯 HL 不亮。当有人进入楼道口时，移动人体发出的红外线被红外线传感器接收，经 IC 放大处理后，输出端 2 脚变为低电平，VT1 导通。12 V 直流电压经 VT1 和 V6 给 C4 充电，使 VT2 迅速饱和导通，灯 HL 亮。人走过后，IC 的 2 脚恢复高电平，VT1 截止，这时，C4 缓慢放电维持 VT2 继续导通。随着 C4 电压逐渐下降，VT2 由饱和进入放大直至截止，灯 HL 由亮变暗直至熄灭。

提示

由于热释电型红外线传感器的输入阻抗极高，非常容易引入噪声，因此最好能够对它进行电学屏蔽。在采用金属封装的情况下，因为外壳接地，所以本身就可以作为屏蔽使用，而在塑料封装的情况下，则需要另外的屏蔽方法。

第三节　光纤传感器

光导纤维简称光纤，是 20 世纪后期发展起来的新型光电子技术材料，在 20 世纪 70 年代开始用于传感器领域。光纤传感器是把光信号转换成电信号，可以直接检测引起光量变化的非电荷量。光纤传感器是将待测量和光纤内的光导联系起来形成的。

光纤传感器具有良好的传光性能，它的体积小、质量轻、灵敏度高，并且可以在强电磁干扰、高温高压、化学腐蚀等恶劣条件下工作，同时它还便于与计算机相连，具有智能化和远距离监控等优点。因此光纤传感器广泛地应用于压力、温度、角速度、加速度、振动磁场等的物理量的测量，同时它还广泛地应用于医疗、交通、电力、机械、航空航天等高科技领域。

一、光纤结构及传光原理

1. 光纤的结构

光纤是一种用于传输光信息的多层介质结构的对称圆柱体，基本结构包括纤芯、包层、涂覆层、外层，如图 2—28 所示。纤芯的材料主体是由石英玻璃或塑料制成的圆柱体，直径为 5～150 μm。围绕着纤芯的一层称为包层，直径为 100～200 μm，也由玻璃或塑料制成，纤芯的折射率稍大于包层的折射率。包层外是涂覆层，其作用是保护光纤不受外来损害，增加光纤的机械强度。光纤的最外层是一层不同颜色的塑料管套，一方面起保护作用，另一方面可用颜色来区分各种光纤。

2. 光纤的传光原理

光纤就是利用光的完全内反射原理传输光波的一种媒质。光导纤维由高折射率的纤芯 n_1 和低折射率的包层 n_2 组成，如图 2—29 所示。当光线由折射率较大的光密介质（纤芯）射向折射率较小的光疏介质（包层）时，就会产生折射和反射。如果加大入射角，即入射

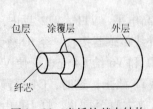

图 2—28　光纤的基本结构

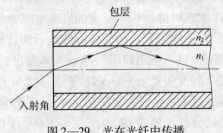

图 2—29　光在光纤中传播

光不进入包层，全部被纤芯和包层的交界面反射，并在光纤内部以同样的角度不断的反射，成"之"字形向前传播，这样光波就从光纤的一端迅速传播到另一端。

二、光纤传感器的组成与分类

1. 光纤传感器的组成

光纤传感器一般由光源、光导纤维、光传感器元件（光电探测器）、光电转换元件（光调制机构）和信号处理等部分组成。其原理为：光源发出光经过光导纤维进入光传感元件，在光传感元件中受到周围环境的影响而发生变化的光再进入调制机构，由调制机构将光传感器元件测量、检测的参数调制成幅度、相位等信息，最后利用微处理器进行信号处理后，将信号输出，如图 2—30 所示。

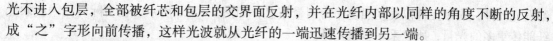

图 2—30　光纤传感器结构图

2. 光纤传感器的分类

光纤传感器有很多种分类方法，下面按照光纤传输模数和光纤在传感器中的作用来分类。

（1）按光纤传输模数分类

按光纤传输模数可分为单模光纤传感器和多模光纤传感器两大类。

1）单模光纤传感器。单模光纤通常指阶跃型的，直径很小的光纤，其特点是：纤芯折射率是均匀阶跃分布的，包层内的折射率分布大体也是均匀的，折射率为常数。光纤传输模数很小，原则上只能传送一个模的光纤，常用于光纤传感器的纤芯直径仅有几微米，十分接近波长的情况下，传输性好，频带宽，具有较好的线性。但因单模光纤纤芯小，难以制造和耦合。

2）多模光纤传感器。多模光纤通常指阶跃型的，直径很大，传输模数较多的光纤。多模光纤的纤芯直径达几十微米以上，纤芯直径大于波长。这类光纤性能较差，带宽较窄，但容易制造，连接耦合方便。

（2）按光纤在传感器中的作用分类

按光纤在传感器中的作用可分为两大类：一类是光导型也称非功能型的光纤传感器，简称 NFF 型传感器，多数使用多模光纤。另一类是传感型也称功能型光纤传感器，简称 FF 型传感器，使用单模光纤。

1）光导型光纤传感器（非功能型传感器）。其光纤的作用仅作为传播光的介质，不是敏感元件，即只传不感，对外界信息的"感觉"只能依靠其他物理性质的功能元件完成。传感器中的光纤不是连续的，中断的部分要接上其他介质的敏感元件，调制器可能是光谱变化的敏感元件或其他敏感元件。

光导型光纤传感器又分为两种：一种是将敏感元件置于发射、接收的光纤中间，由敏感元件遮挡光路，使敏感元件的光透过率发生某种变化，这样受光的光敏元件所接收的光量就成为被测对象参数调制后的信号，如图 2—31a 所示。另一种是在光纤终端设置"敏感元件＋发光元件"的组合体，敏感元件感知被测对象参数的变化，并将其转换为电信号输出给发光元件，光敏元件以发光强度作为测量信息，如图2—31b所示。在实际应用中要求光纤能传更多的光量，所以采用多模光纤。

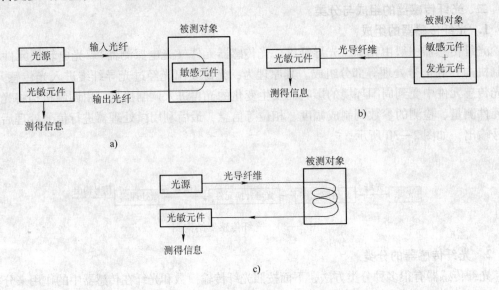

图2—31　光纤传感器原理结构图

a）非功能型光纤1　b）非功能型光纤2　c）功能型光纤传感器

2）传感型光纤传感器（功能型光纤传感器）。该传感器是利用对外界信息具有敏感能力和检查功能的光纤作为传感元件，将"传"和"感"合为一体的传感器。这类传感器不仅起传光的作用，而且还利用光纤在外界因素（弯曲、相变）的作用下使其光学特性发生变化（光强、相变等）的特性，实现了"传"和"感"的功能。这类传感器中的光纤是连续的，如图2—31c所示。这类传感器又分为光强调制型、相位调制型、偏振态调制型、波长调制型等。由于光纤本身也是敏感元件，所以加长光纤的长度也可以提高灵敏度。

功能型光纤传感器在结构上比光导型光纤传感器简单，因为光纤是连续的，可以少用一些光耦合器件，但是为了光纤能接受外界物理量的变化，往往需要采用特殊光纤探头，这样就增加了传感器的制造难度，因此结构也比较复杂，调整比较困难。

三、光纤传感器的应用

1. 温度的检测

光纤温度传感器具有抗电磁干扰、绝缘性能高、耐腐蚀、使用安全的特点，因此应用范围越来越广泛。

（1）遮光式光纤温度计

图2—32所示为一种简单利用水银柱来升降温度的光纤温度开关。当温度升高，水银柱上升到某一设定温度时，水银柱将两根光纤间的光路遮断，从而使输入的光强产生一个跳变。这种光纤温度计可用于对设定温度的控制，温度设定值灵活。

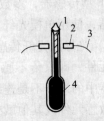

图2—32　水银柱式光纤温度开关

1—浸液　2—自聚焦透镜

3—光纤　4—水银

（2）双金属热变形遮光式温度计

如图2—33所示，当温度升高时，双金属的变形量增大，带动遮光板在垂直方向产生位移，从而使输出光强发生变化。这种形式的光纤温度计能测量 $10 \sim 50℃$ 的温度，检测精度约为 $0.5℃$。它的缺点是输出光强受壳体振动的影响，且响应时间较长，一般需要几分钟。

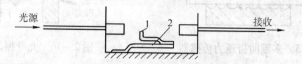

图 2—33 双金属热变形遮光式光纤温度计

1—遮光板 2—双金属片

2. 光纤位移传感器

光纤位移传感器的测量原理如图 2—34 所示，光纤作为信号传输介质，起导光作用。光源发出的光束经过光纤 1 射到被测物体上，并发生散射，有部分光线进入光纤 2，并被光电探测器件即光敏二极管接收，转变为电信号，且入射光的散射作用随着距离 x 的大小而变化。实践证明，在一定范围内，光电探测器件输出电压 U 与位移量 x 之间呈线性关系。在非接触式微位移测量、表面粗糙度测量等场合，采用这种光纤传感器很实用。

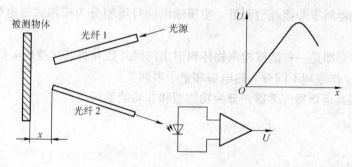

图 2—34 光纤位移传感器的测量原理

3. 光纤压力、振动传感器

光纤压力、振动传感器可分为传输型光纤压力、振动传感器和功能型光纤压力、振动传感器。

多模光导纤维受到压力等非电荷量调制后，产生弯曲变形，因为变形导致其散射损失增加，从而减少所传输的光量，检测出光量的变化即可测知压力、振动等非电量。

多重曲折压力传感器如图 2—35 所示。将光导纤维放置在两块承压板之间，承压板受压后使光导纤维产生弯曲变形，因而影响光纤的传输特性，使其传输损失明显增加，这种传感器对压力变化具有较高的灵敏性，可检测的最小压力为 $100 \mu Pa$。光纤振动传感器如图 2—36 所示。将光纤弯曲成 U 形结构，在 U 形光纤顶部加上 $50 \mu m$ 的振幅振动力，在输出端可测出光强有百分之几的振幅调制输出光，利用这一原理测量振动。

传输型光纤压力、振动传感器是在光纤的一个端面上配上一个压力敏感元件和振动敏感元件构成的，光纤本身只起着光的传导作用。这类传感器不存在电信号，所以应用于医疗方面比较安全。

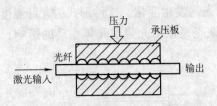

图 2—35　多重曲折压力传感器

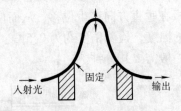

图 2—36　光纤振动传感器

　本章小结

　　本章介绍了各种光电传感器、红外线传感器和光纤传感器的工作原理、结构及应用。本章知识要点如下：

　　1. 光电传感器利用光电效应工作。

　　2. 光电传感器的核心是光电器件。常见的有光敏电阻、光敏二极管、光敏三极管和光电池等。

　　3. 光电传感器属于非接触型测量，按照输出信号类型分为模拟式光电传感器和脉冲式光电传感器。

　　4. 红外线传感器是一种能够检测物体辐射出的红外线并将其转换成电信号的敏感器件。根据物理效应和工作原理不同分为热电型和量子型两类。

　　5. 光纤传感器是新型传感器，分为功能型和非功能型两类。

第三章

磁电传感器

磁电传感器是用半导体、磁性体等材料制成的一种接收磁信号，并按一定规律转换成可用输出信号的器件或装置。磁电传感器是历史较为悠久的一种传感器，由于具有可实现无接触检测等优点，随着科学技术的发展，已广泛地应用在勘探、医院和实验室等领域。

第一节　磁敏传感器

一、磁敏电阻

磁敏电阻是根据导体的磁阻效应（即导体的电阻值随磁场的强弱变化而变化）制作的。磁敏电阻又叫磁控电阻，是一种对磁场敏感的半导体元件，它可以将磁感应信号转换成电信号。

根据制造材料，磁敏电阻可分为金属膜（如钴镍合金、铁镍合金）磁敏电阻和半导体磁敏电阻（如砷化镓、锑化铟）两大类。

1. 磁敏电阻的结构

磁敏电阻结构示意图如图 3—1 所示。磁敏电阻通常被做成片状，长宽尺寸只有几毫米，多采用片形膜封装结构，有两端和三端（内部有两只串联的磁敏电阻）之分。

2. 磁敏电阻的原理

磁敏电阻是利用半导体的磁阻效应制成，常用锑化铟（InSb）材料加工而成。半导体材料的磁阻效应包括物理磁阻效应和几何磁阻效应。

（1）物理磁阻效应

物理磁阻效应又称磁电阻率效应。在一个长方形半导体锑化铟片中，沿长度方向有电流通过时，若在垂直于电流（见图 3—2）的宽度方向上施加一个磁场，半导体锑化铟片长度方向上就会发生电阻率增大的现象，这种现象称为物理磁阻效应。

（2）几何磁阻效应

半导体材料磁阻效应与半导体几何形状有关的物理现象称为几何磁阻效应。经过实验证明，当半导体片长度大于宽度时，磁阻效应并不明显；相反，当长度小于宽度时，磁阻效应就很明显。

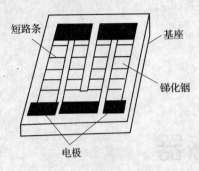

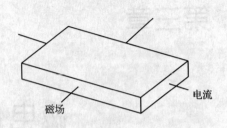

图 3—1 磁敏电阻结构示意图　　　　图 3—2 物理磁阻效应示意图

3. 磁敏传感器

以磁敏电阻为核心元件的各种传感器称为磁敏传感器，它们的工作原理基本相同，只是用途不同、结构不同。例如磁敏电阻齿轮传感器、无触点电位器等。

（1）磁敏电阻齿轮传感器

它的外观和工作原理如图 3—3 所示。传感器对正磁性齿轮，工作时，若磁性齿轮的一个齿恰好覆盖在一个磁敏电阻上，另一磁敏电阻处于齿空隙处，此时每转一个齿，则输出一个标准的正弦波信号。若对该信号进一步处理，则可转换为标准脉冲信号。

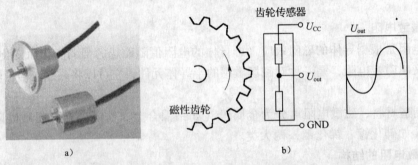

图 3—3 齿轮传感器外观和工作原理
a）外观 b）工作原理

（2）无触点电位器

一般的电位器在使用中由于其触点是接触的，所以会产生一定的噪声信号，并且使用寿命不长，如果使用无触点电位器则可以克服上述缺点，如图 3—4 所示。将磁敏元件置于单个磁铁的下方或两个磁铁之间，当旋转电位器手柄时，磁铁跟着转动，从而使磁敏元件表面的磁感应强度也发生变化，这样，磁敏元件的输出电压将随着手柄的转动而变化，起到调节电位的作用。

二、磁敏二极管

磁敏二极管是 20 世纪 70 年代发展起来的一种磁敏器件，它利用磁阻效应进行磁电转换，电特性随着外部磁场的改变而显著变化。磁敏二极管具有灵敏度高、体积小、无触点、输出功率大等优点。它广泛地应用于无触点开关、转速测量、磁场检测等方面。

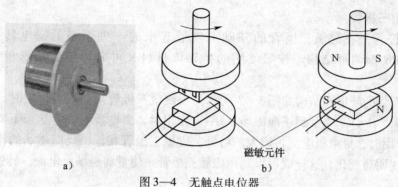

图 3—4 无触点电位器

a）外观 b）工作原理

1. 磁敏二极管的基本结构和特性

磁敏二极管的结构示意图如图 3—5a 所示，它的结构形式与二极管相似。磁敏二极管的两个管脚有极性之分，较长的管脚连接其内部的 P^+ 端，接电源的正极，较短的管脚连接其内部的 N^+ 端，接电源的负极。磁敏二极管具有和一般二极管一样的单向导电特性，在有磁场作用时，流过磁敏二极管的电流会随着磁场的强弱和方向的变化而变化，是一种探测磁场的有效器件。

2. 磁敏二极管漏磁探伤仪

漏磁探伤仪如图 3—6 所示，由激磁线圈、铁心、放大器、

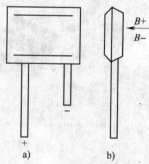

图 3—5 磁敏二极管结构

a）外形结构 b）结构示意图

磁敏二极管探头等部分构成。将待测物如钢棒置于铁心之下，使之转动，当激磁线圈通电后，钢棒被磁化，如果钢棒上无损伤（见图 3—6a），则铁心和钢棒构成闭合磁路，无漏磁通，磁敏二极管探头无信号输出；如果钢棒上有裂纹（见图 3—6b），当裂纹旋至铁心下时，裂纹处的漏磁通作用于探头，探头将漏磁通信号转换成电压信号，经放大器输出，根据指示仪的指示即可得知被测钢棒有缺陷。

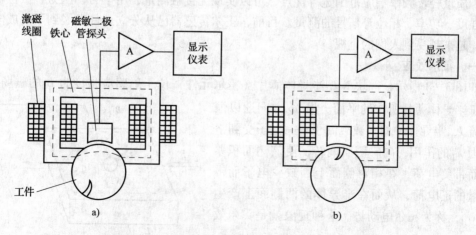

图 3—6 漏磁探伤仪结构和工作原理示意图

a）裂纹未旋至铁心下 b）裂纹旋至铁心下

三、磁敏三极管

磁敏三极管是在磁敏二极管的基础上发展起来的一种新型的磁电转换器件，有 PNP 型和 NPN 型两种结构。按照使用的半导体材料又可分为锗磁敏三极管和硅磁敏三极管。

磁敏三极管的外形和结构如图 3—7 所示。当磁敏三极管未受磁场作用时，基极电流大于集电极电流，$\beta < 1$。当受到正向磁场（H^+）作用时，集电极电流将显著下降，当反向磁场（H^-）作用时，集电极电流将增大。可见，磁敏三极管在正、反向磁场的作用下，其集电极电流出现明显变化。这样就可以利用磁敏三极管来测量弱磁场、电流、转速、位移等物理量。

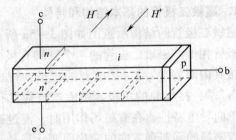

图 3—7　磁敏三极管

第二节　　霍尔传感器

霍尔传感器是利用半导体材料的霍尔效应进行测量的一种传感器。它具有结构简单、体积小、质量轻、频率响应范围宽等优点，可以实现无接触测量，用于力、压力、微位移、磁感应强度、功率、相位等信号的测量。目前，霍尔传感器已从分立元件发展到了集成电路的阶段，越来越受到人们的重视。

一、霍尔效应

如图 3—8 所示，一块 N 型半导体薄片（霍尔元件）位于磁感应强度为 B 的磁场中，B 垂直于半导体薄片所在的平面。沿 ab 方向通以恒定电流 I，半导体中的多数载流子——电子受到洛仑兹力 F_L 的作用，向一侧面偏转，使该侧面积累电子而带负电荷，在相对侧面上因缺少电子而带有等量的正电荷，从而在半导体的两侧面上产生电势 U_H，称为霍尔电动势。这种现象就是霍尔效应。

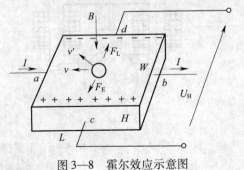

$$U_H = K_H IB \qquad (3—1)$$

图 3—8　霍尔效应示意图

霍尔电动势 U_H 的大小正比于控制电流 I 和磁感应强度 B。K_H 称为霍尔元件的灵敏度，它是指在单位磁感应强度和单位控制电流时，输出霍尔电动势的大小，一般要求它越大越好。

提示

霍尔效应的灵敏度高低与外加磁场的磁感应强度成正比关系。霍尔传感器在霍尔效应的基础上，利用集成封装和组装工艺制成，霍尔传感器可以方便地把磁输入信号转换成实际应用中的电信号，同时又具备了工业场合实际应用中易操作和可靠性的要求。

二、霍尔元件

霍尔元件利用霍尔效应将被测量（如电流、磁场、位移及压力等）转换成电动势。

1. 霍尔元件的结构

霍尔电动势的大小与材料的性质和尺寸有关，因此霍尔元件不宜采用金属材料，一般采用半导体材料，有 N 型锗、锑化铟、砷化铟、砷化镓以及磷砷化铟等。不同材料制成的霍尔元件特性不同。霍尔元件的厚度要做得比较薄，有的只有 1 μm 左右。

霍尔元件是一种四端型器件，按结构分为体型和薄膜型两种，如图 3—9 所示。霍尔元件是由霍尔片、4 根引线和壳体组成，如图 3—10 所示。霍尔片是一块矩形半导体单晶薄片，尺寸一般为 4 mm × 2 mm × 0.1 mm。4 个电极中 A、B 为输入端，接入由电源 E 提供的控制电流，通常用红色导线；C、D 为霍尔电动势输出端，接输出负载或测量仪器，通常用绿色导线；霍尔元件的壳体是用非导磁金属、陶瓷或环氧树脂封装。

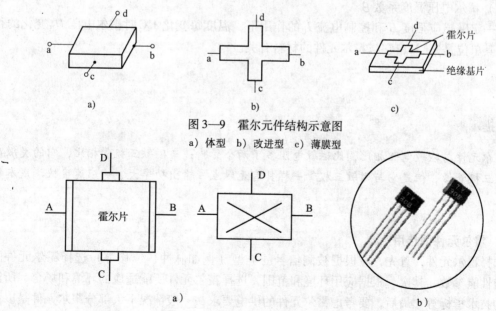

图 3—9　霍尔元件结构示意图
a）体型　b）改进型　c）薄膜型

图 3—10　霍尔元件的符号和外形
a）符号　b）外形

2. 霍尔元件的主要技术参数

（1）输入电阻 R_{in}

指在规定的技术条件（如室温、零磁场）下，激励电极间的电阻。

（2）输出电阻 R_{out}

指在规定的技术条件（如室温、零磁场）下，无负载时两个输出电极之间的电阻。

（3）额定控制电流 I_C

指霍尔元件由于热效应，在磁感应强度 $B=0$ 时、环境温度 $25℃$ 的静止空气中，温度每升高 $10℃$，从霍尔元件控制电流极输入的电流称为额定控制电流。在使用中，希望选用额定控制电流尽可能大的霍尔元件。额定控制电流 I_C 受元件的最高允许使用温度限制。

（4）乘积灵敏度 K_H

指在单位控制电流和单位磁感应强度的作用下，霍尔元件输出端的开路电压。半导体材料的载流子迁移率越大，半导体片越薄，则乘积灵敏度越高。

（5）不等位电动势 U_M

在没有外加控制电流、磁场的情况下，霍尔元件仍有一定的输出电压，且不为零，这种电压就称为不等位电动势 U_M。U_M 主要是由于生产中材料的厚度不均匀或输出电极焊接不良造成的，它有方向性，随控制电流方向的改变而改变，使用时多采用电桥法进行补偿。

（6）磁灵敏度

在额定控制电流 I_C 和单位磁感应强度 B 的作用下，霍尔元件输出端开路时的霍尔电压 U_H 称为磁灵敏度，表示为 $S_B = U_H/B$。

（7）霍尔电压温度系数 β

在一定磁感应强度 B 和控制电流 I_C 的作用下，温度每变化 $1℃$ 时霍尔电压 U_H 变化的百分率，其单位是 $\%/℃$，它与霍尔元件的材料有关。

 提示

霍尔元件与磁敏电阻相比，比磁敏电阻多了两个管脚；与磁敏三极管相比，它的灵敏度比磁敏三极管低，但是它与磁敏三极管一样具有无触点、输出功率大、响应速度快、成本低等特点。

3. 霍尔元件的选用

选择霍尔元件，首先，应根据被测信号的类型（例如脉冲、位移等）选择霍尔元件的种类与性能参数。其次，根据应用环境和范围，选择霍尔元件所能适应的环境和场合、所能达到的技术指标等。最后，要考虑霍尔元件的供电要求，一般情况下大部分霍尔元件是以恒流源或恒压源供电。霍尔元件的基本选择原则如下：

（1）磁场测量

对于精度要求高的磁场测量，一般选用灵敏度较高的砷化镓霍尔元件，其精度不低于±0.5%。

（2）电流测量

大部分霍尔元件可用于电流测量，如果精度要求高时，选用砷化镓霍尔元件；如果精度要求不高时，可选用硅、锗等霍尔元件。

（3）转速和脉冲测量

测量转速和脉冲时，通常选用集成霍尔开关和锑化铟霍尔元件。如 VCD、光驱等设备中的驱动电机采用锑化铟霍尔元件对电动机的位置进行检测，大大提高了电动机的使用寿命。

（4）信号测量

通常利用霍尔电动势与控制电流的大小和被测磁场强弱成正比的原理，且被测磁场与霍尔元件表面的夹角成正弦关系的特性而设计成函数发生器。利用霍尔元件的输出与控制电流和被测磁场成正比的特性，设计制造功率表、电能表等。

三、集成霍尔传感器

随着微电子技术的发展，目前霍尔元件大多数已被集成化。霍尔集成电路有许多优点，如体积小、灵敏度高、输出幅度大、受温度影响小、对电源的稳定性要求不高等，实现了材料、元件、电路三位一体。由于集成霍尔传感器安装使用方便、坚固耐用等特点，在检测技术中得到了广泛的应用。

集成霍尔传感器按用途分为线性型（用于测量）和开关型（用于控制）两大类。

1. 霍尔开关集成传感器

霍尔开关集成传感器是利用霍尔元件与集成电路技术制作成的一种磁敏传感器，它能感知与磁信息有关的物理量，并以开关信号的形式输出。霍尔开关集成传感器具有使用寿命长，无触点磨损，工作频率高，温度特性好，能适应恶劣环境等优点。

图 3—11 所示为霍尔开关集成传感器的内部框图。主要由稳压电路、霍尔元件、放大器、整形电路及开关输出五部分组成。

当有磁场作用在霍尔开关集成传感器上时，

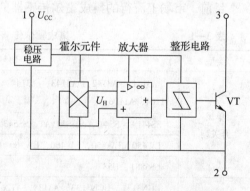

图 3—11　霍尔开关集成传感器内部框图

根据霍尔效应的原理，霍尔元件输出霍尔电压 U_H，该电压经放大器放大后，送至施密特整形电路。当放大后的霍尔电压大于"开启"电压阀值时，施密特电路翻转，输出高电平，使三极管 VT 导通，并具有拉流的作用，整个电路处于开通状态。当磁场减弱时，霍尔元件输出的 U_H 很小，经放大器放大后，输出电压值还是小于施密特电路的"关闭"电压阀值，施密特整形器又翻转，输出低电平，使三极管 VT 截止，电路处于关闭状态。这样，磁场强度的变化，经过霍尔开关集成传感器转换成了一次开关动作的变化。

2. 霍尔线性集成传感器

霍尔线性集成传感器的输出电压与外加磁场强度呈线性比例关系。这类传感器一般由霍尔元件和放大器组成，当外加磁场时，霍尔元件产生与磁场成线性比例变化关系的霍尔电压，经放大器放大后输出。

霍尔线性集成传感器有单端输出型和双端输出型两种，典型产品分别为 SL3501T 和 SL3501M 两种，如图 3—12 和图 3—13 所示。单端输出型是一个三端器件。双端输出型是一个 8 脚双列直插封装器件，可提供差动跟随输出，图 3—13 中的电位器为失调调整。

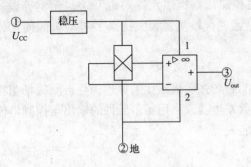

图 3—12 单端输出的电路结构　　　　图 3—13 双端输出的电路结构

3. 各种基础霍尔传感器的主要型号、类型

霍尔开关集成传感器常用于保安系统、里程测量、转速测量、机械设备的限位开关、电流的测量和控制、位置和角度的检测等。

霍尔线性集成传感器常用于位置、力、质量、厚度、速度、磁场等测量和控制。

目前，市场上流行的集成霍尔传感器的主要型号、类型见表 3—1。

表 3—1　　　　　　　集成霍尔传感器的主要型号、类型

类型	型号	生产厂家
单极 开关型	A3141，A3142，A3143，A3144，A3121，A1101，A1102，A1103，A1104，A1106	Allegro
	SS441A，SS443A，SS541AT，SS543AT	Honeywell
	EW450，EW550，EW460，EW560	AKE 旭化成
	US5881，U58	Melexis
双极开关型	UGN3131，UGN3133，A3134，A1201，A1202，A1203，A1204	Allegro
	SS40A，SS41，SS413A，SS411A，SS513AT，SS5513AT	Honeywell
双极 锁存型	A3187，A3188，A3195，A87L，A88L，A3280，A3281，A3290，A3172，UGN3175，UGN3177 等	Allegro
	SS461A，SS466A	Honeywell
	US1881，US2881，U18，U28	Melexis
	EW512，EW732，EW412，EW510，EW410，EW432	AKE 旭化成
线性型	A1302，A1305，UGN3503，A1321，A1323，A3515，A3518，AN503，18S，18L，21L，22L，23L，A02E	Allegro
	SS495，SS495A1，95A，SS496B	Honeywell

续表

类型	型号	生产厂家
方向检测	A3422，A3425，MLX90244	Allegro
齿轮传感	A3046，A3046LU，A46L，46L，UGS3060KA，UGS3060	Allegro
	TLE4921－5U，TLE4921	Infineon
	MLX90217LUA，MLX90217，17CC	Melexis
微功耗超灵敏	A3212EUA，A3213ELHLT，A3213，A3214，A3210	Allegro
	MLX90248	Melexis
	TSH119	TOSHIBA
	HG106A，HG106C	AKE 旭化成
砷化镓高灵敏	HW101A，HW105A，HW105C，HW108A，HW300B，HW302B	AKE 旭化成
组合型带磁钢齿轮传感器	AST611，ATS612，ATS640，ATS660，ATS665，ATS674	Allegro
霍尔电流传感器	ACS704（5A，15A），ACS706（20A），ACS750（50A－150A），ACS752，ACS754，ACS755，ACS712	Allegro
	CSNE151－10	Honeywell

四、霍尔传感器的应用

霍尔元件既可以测量物理量及电量，还可以通过转换测量其他非电量，依据它的磁电特性可分为三个方面，即磁场比例性、电流比例性和乘法作用。具体产品有高斯计、霍尔罗盘、大电流计、功率计、调制器、位移传感器、微波功率计、频率倍增器、磁带或磁鼓读出器、霍尔电动机、霍尔压力计等。

1. 位移和转速的测量

（1）位移的测量

如图 3—14a 所示，在磁场强度相同而极性相反的两个磁铁气隙中放置一个霍尔元件。当元件的控制电流 I 恒定不变时，霍尔电动势 U_H 与磁感应强度 B 成正比。若磁场在一定范围内沿 X 方向的变化梯度 dB/dX 为一常数，如图 3—14b 所示，当霍尔元件沿 X 方向移动时，$U_H = KX$（K - 位移传感器输出灵敏度），此公式说明霍尔电动势 U_H 与位移量呈线性关系，霍尔电动势的极性反映了元件的位移方向。磁场梯度越大，灵敏度越高；磁场梯度越均匀，输出线性度越好。当 $X = 0$ 时，即元件位于磁场中间位置时，霍尔电动势 $U_H = 0$，这是由于元件在此位置受到大小相等、方向相反的磁通作用的结果。一般可用来测量 $1 \sim 2$ mm 的位移，其特点是惯性小、响应速度快、无接触测量。利用这一原理还可以测量其他非电量，如力、压力、压差、液位、加速度等。

（2）转速的测量

利用霍尔效应测量转速的工作原理很简单，将永磁体按适当的方式固定在被测轴上，霍尔元件处于磁铁的气隙中，当轴转动时，霍尔元件输出的电压则包含有转速信息，将霍尔元件输出的电压经后面电路的处理，便可得到转速的数据。图 3—15 和图 3—16 所示为两种不同的测量转速方法的示意图。

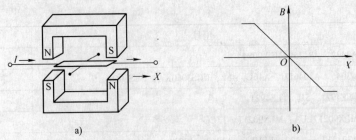

图3—14 霍尔电动势 U_H 与磁感应强度 B 的关系曲线

a) 传感器磁路结构示意图　b) 磁场变化

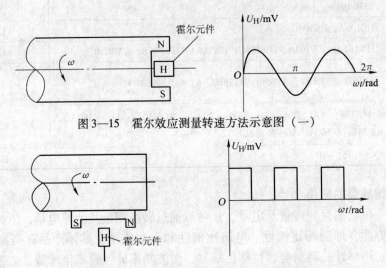

图3—15 霍尔效应测量转速方法示意图（一）

图3—16 霍尔效应测量转速方法示意图（二）

（3）纱线定长和自停装置电路

图3—17 所示为利用霍尔开关的纱线定长和自停装置电路图。图中 H_1 和 H_2 分别作为断线和定长的检测元件。它们的实际安装位置如图3—18 所示。该装置同样适用于毛线、化纤、

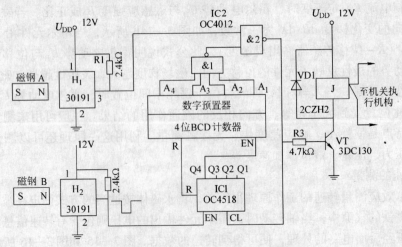

图3—17 纱线定长和自停装置电路图

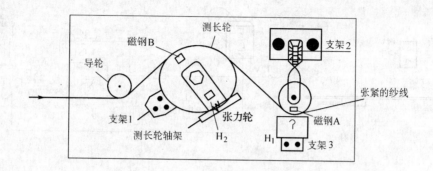

图 3—18　安装示意图

丝线等线状生产机械的定长或断头自停装置。

　　电路的工作原理为：当被测纱线由机械带动运行时，测长轮随之转动，黏合在测长轮上的磁钢 B 每掠过霍尔元件一次，H_2 便导通一次，输出一个低电平。随着纱线和测长轮之间的滑移，被测纱线的长度便等于测长轮边缘的线位移，测长轮每转一圈，即 H_2 每输出一个脉冲，所对应的纱线长度就是 $2\pi R$（R 为测长轮半径）。H_2 输出的脉冲被送至计数器 EN 端，然后由 4 位 BCD 计数器进行计数。当计数达到预先设定的纱线长度值时，$A_1 \sim A_2$ 均为高电平，于是控制门打开，输出低电平，使控制门 2 的输出为高电平，三极管 VT 导通，继电器吸合，推动执行机构将机器停下，完成定长控制过程。

　　如果纱线在运行中突然断裂，张力轮便因失去纱线的张力而下落，轮上的磁钢 A 紧靠霍尔元件 H_1，使 H_1 由平时的关断状态转变为导通状态，引脚 3 输出低电平。该低电平作用于控制门 2 后，同样会使继电器及关机执行机构动作，机器关停后等待操作人员处理断线，控制门 2 输出的高电平立即将 IC1 封住，不让计数器计数，从而避免了因测长轮惯性转动而产生的误差计数现象。

　　霍尔传感器的用途还有许多，例如，可利用廉价的霍尔元件制作电子打字机和电子琴的按键，可利用低温漂的霍尔集成电路制作霍尔式电压传感器、霍尔式电流传感器、霍尔式电度表、霍尔式高斯计、霍尔式液位计、霍尔式加速度计等。

2．计数及其他应用

（1）霍尔计数装置

　　由于 SL3051 型霍尔开关集成传感器具有较高的灵敏度，能感受到很小的磁场变化，可对黑色金属零件的有和无进行检测，因而可以利用这一特性制成计数装置。图 3—19 所示为对钢球进行计数的工作示意图和电路图。当一个钢球运动到磁场时被磁化，其后运动到霍尔开关集成传感器时，传感器可输出峰值为 20 mV 的电压。该电压经过放大器 IC 放大后，驱动晶体管 VT 工作输出低电平。钢球走过后传感器无信号，VT 截止输出高电平。每过一个钢球就会产生一个负脉冲，计数器便计一个数，并可增加一个显示器进行显示。

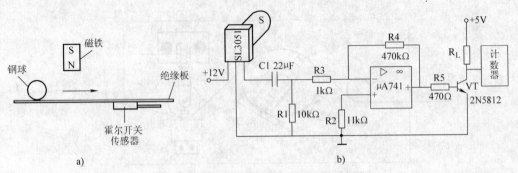

图3—19　钢球计数工作示意图和电路图

a）工作示意图　b）电路图

（2）霍尔汽车点火器

传统的汽车点火装置是利用机械装置使触点闭合和打开，在点火线圈断开的瞬间感应出高电压供火花塞点火。这种点火方法容易造成开关触点产生磨损和氧化，使发动机性能变坏，也使发动机性能的提高受到限制。图3—20所示为霍尔汽车点火器的结构示意图。图中的霍尔传感器采用SL3020，在磁轮鼓圆周上按磁性交替排列并等分嵌有永久磁铁和由软铁制成的轭铁磁路，它和霍尔传感器有适当的间隙。当磁轮鼓转动时，磁铁N极和S极便交替地在霍尔传感器的表面通过，霍尔传感器的输出端便输出一串脉冲信号，这些脉冲信号被积分后触发功率开关管，使它导通或截止，在点火线圈中便产生15 kV的感应高电压，以点燃汽缸中的可燃混合气，随之发动机转动。

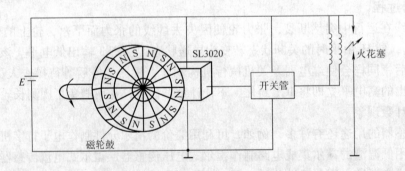

图3—20　霍尔汽车点火器的结构示意图

采用霍尔传感器制成的汽车点火器和传统的汽车点火器相比具有很多优点，例如：无触点，无需维护，使用寿命长；由于点火能量大，汽缸中的气体燃烧充分，排出的废气对大气污染明显减少；由于点火时间准确，可以提高发动机的性能。

第三节　　电涡流传感器

电涡流传感器是20世纪70年代以来得到迅速发展的一种传感器，它是一种建立在电涡流效应原理上的传感器。它具有结构简单、频率响应宽、灵敏度高、测量线性范围大、抗干扰能力强以及体积小等一系列优点。电涡流传感器最大的特点是可以对物体表面为金属导体的多种物理量实现非接触测量，可以测量振动、位移、厚度、转速、温度、硬度和流量等参数，并且还可以进行无损探伤。

电涡流传感器所具有的特点和广泛的应用范围，已经使它在传感检测技术中成为日益得到重视和有发展前途的传感器。

一、电涡流传感器的结构

当通过金属体的磁通量发生变化时，就会在导体中产生感生电流，这种电流在导体中是自行闭合的，该电流就是人们所称的电涡流。电涡流的产生必然要消耗一部分能量，从而使产生磁场的线圈阻抗发生变化，这一物理现象称为涡流效应。电涡流传感器就是利用涡流效应，将非电量转换为阻抗的变化而进行测量的。

电涡流传感器的基本结构包括探头和变换器两个部分。变换器由测量电路组成。探头主要是由一个固定在框架上的扁平线圈组成，线圈用多股漆包线或银线绕制而成，一般放在端部（线圈可绕制在框架槽内，也可用黏合剂黏结在端部）。图3—21所示为国产CZF–1型电涡流传感器探头的结构示意图。

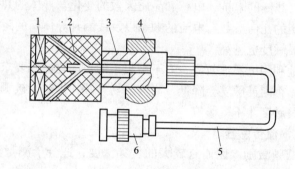

图3—21　CZF–1型电涡流传感器探头的结构示意图
1—线圈　2—框架　3—框架衬套　4—支架　5—电缆　6—插头

CZF–1型电涡流传感器的框架用聚四氟乙烯制成。线圈绕在框架的槽内。电涡流传感器的线圈外径大，线性范围大，但灵敏度也低。理论计算和实践都证明，细而长的线圈灵敏度高，线性范围小；扁而平的线圈则相反。

二、电涡流传感器的工作原理

根据电涡流在金属导体内渗透的深度分为高频反射式和低频透射式两类。目前高频反射式电涡流传感器应用得较为广泛。

1. 高频反射式电涡流传感器

高频反射式电涡流传感器是基于电涡流效应进行工作的，工作原理如图3—22a所示。当传感器线圈通以交变电流 i_1 时，线圈周围就产生交变磁场 H_1，置于该磁场范围内的金属导体内产生感应电涡流 i_2，i_2 形成新的磁场 H_2，H_2 与 H_1 的方向相反，对原磁场 H_1 起抵消削弱的作用，使传感器线圈的电感量、阻抗和品质因数发生变化，变化的程度与激励电流 i_1 的频率、金属导体的电导率 σ、金属导体的磁导率 μ 有关。

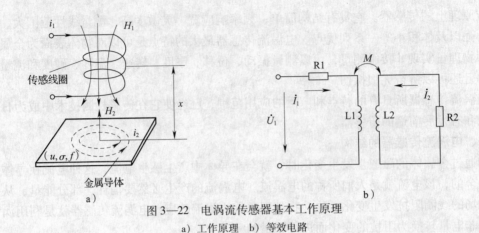

图3—22　电涡流传感器基本工作原理

a) 工作原理　b) 等效电路

等效电路如图 3—22b 所示，传感器线圈的电阻为 R_1、电感为 L_1；金属导体中形成的电涡流等效为一个短路环，短路环的电阻为 R_2、电感为 L_2；电涡流产生的磁场对传感器线圈产生的磁场的"抵消"作用等效为线圈与导体间的互感 M，互感 M 随线圈与导体间距离的减小而增大。

一般来说，传感器线圈的阻抗、电感和品质因数的变化与导体的几何形状、电阻率以及磁导率有关，也与线圈的几何参数、电流的频率以及线圈到导体间的距离有关。被测物的电导率越高，传感器的灵敏度也越高。

为了充分、有效地利用电涡流效应，对于平板型的被测物体则要求被测物体的半径应大于线圈半径的 1.8 倍，否则灵敏度会降低。当被测物为圆柱体时，被测导体直径必须为线圈直径的 3.5 倍以上，灵敏度才不受影响。

2. 低频透射式电涡流传感器

这种传感器采用低频激励，因而有较大的贯穿深度，适合于测量金属材料的厚度。图 3—23 所示为低频透射式电涡流传感器的原理和输出特性。

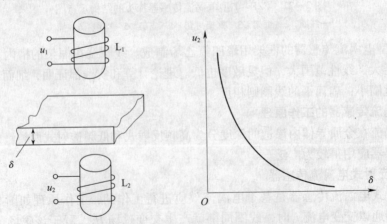

图3—23　低频透射式电涡流传感器的原理和输出特性

传感器包括发射线圈和接收线圈，并分别位于被测材料上、下方。由振荡器产生的低频电压 u_1 加到发射线圈 L_1 两端，于是在接收线圈 L_2 两端将产生感应电压 u_2，它的大小与 u_1 的幅值、频率以及两个线圈的匝数、结构和两者的相对位置有关。若两线圈间无金属导体，则L_1的磁感应线能较多地穿过L_2，使在L_2上产生的感应电压u_2最大。

如果在两个线圈之间设置一块金属板，由于在金属板内产生电涡流，该电涡流消耗了部分能量，使到达线圈L_2的磁感应线减少，从而引起u_2的下降。金属板厚度越大，涡流损耗越大，u_2就越小。可见，u_2的大小间接地反映了金属板的厚度。

为了更好地进行厚度测量，激励频率应选得较低。频率太高，贯穿深度小于被测厚度，不利于进行厚度测量，通常选 1 kHz 左右。一般来说，测薄金属板时，频率应略高些；测厚金属板时，频率应低些。在测量电阻率较小的材料时，应选用较低的频率（如 500 Hz），测量电阻率较大的材料时，则应选用较高的频率（如 2 kHz），从而保证测量不同的材料能得到较好的线性度和灵敏度。

3. 电涡流传感器的测量电路

（1）电桥法

电桥法是将传感器线圈的阻抗变化转换为电压或电流变化的方法。图3—24所示为电桥法原理图，图中线圈 A 和 B 为传感器线圈。传感器线圈的阻抗作为电桥的桥臂，起始状态时电桥平衡。在进行测量时，由于传感器线圈的阻抗发生变化，使电桥失去平衡，将电桥不平衡造成的输出信号进行放大并检波，就可以得到与被测量成正比的电压或电流输出。电桥法主要用于由两个电涡流线圈组成的差动式传感器。

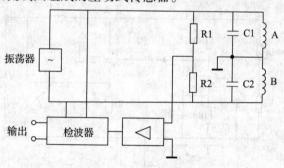

图3—24 电桥法原理图

（2）谐振法

谐振法是将传感器线圈的等效电感的变化转换为电压或电流的变化的方法。传感器线圈与电容并联组成 LC 并联谐振回路。并联谐振回路的频率为：

$$f_0 = \frac{1}{2\pi\sqrt{LC}} \qquad (3—2)$$

并且谐振时回路的等效阻抗最大，为：

$$Z_0 = \frac{L}{RC} \qquad (3—3)$$

式中 R——回路的等效损耗电阻，单位 Ω。

当电感发生变化时，回路的等效阻抗和谐振频率都将随 L 的变化而变化，因此，可以利用测量回路阻抗或谐振频率的方法间接测出传感器的被测值。

谐振法主要有调幅式电路和调频式电路两种基本形式，调幅式由于采用了石英晶体振荡器，因此稳定性较高；而调频式结构简单，便于遥测和数字显示。图 3—25 所示为调幅式测量电路原理框图。

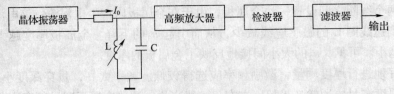

图 3—25　调幅式测量电路原理框图

由图中可以看出，LC 谐振回路是由一个频率及幅值稳定的晶体振荡器提供一个高频信号激励的谐振回路。LC 谐振回路的输出电压为：

$$u = I_0 F(Z) \tag{3—4}$$

式中，I_0——高频激励电流，单位 A；Z——LC 谐振回路阻抗。可以看出，LC 谐振回路的阻抗 Z 越大，回路的输出电压就越大。

调频式测量电路的原理是：被测量变化引起传感器线圈电感的变化，而电感的变化导致振荡频率发生变化。频率变化间接反映了被测量的变化。这里电涡流传感器的线圈是作为一个电感元件接入振荡器中的。图 3—26 所示为调频式测量电路原理图，它包括电容三点式振荡器和射极输出器两个部分。

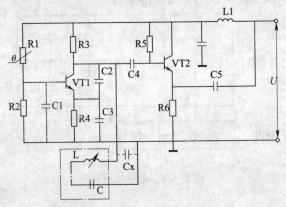

图 3—26　调频式测量电路原理图

为了减小传感器输出电缆分布电容 C_x 的影响，通常把传感器线圈 L 和调整电容 C 都封装在传感器中，这样电缆分布电容并联到大电容 C_2、C_3 上，因而对谐振频率的影响大大减小了。

三、电涡流传感器的应用

1. 测量位移

电涡流传感器可用于测量各种形状的金属零件的静态、动态与位移量。采用此种传感器既可以做成测量范围为 0～15 μm，分辨率为 0.05% 的位移计，也可以做成测量范围为 0～500 mm，分辨率为 0.1% 的位移计。电涡流位移计如图 3—27 所示。凡是可以变换为

图 3—27　电涡流位移计

位移量的参数，都可以用电涡流传感器来测量。这种传感器可用于测量汽轮机主轴的轴向蹿动、金属件的热膨胀系数、钢液液位、纱线张力、流体压力等。

2. 电涡流式转速表

电涡流式转速表的工作原理如图3—28所示，在轴1上开一键槽，靠近轴表面安装电涡流传感器2。在轴转动时便能检出传感器与轴表面的间隙变化，从而得到与转速成正比的脉冲信号，经放大和整形后，即可由频率计计数指示，频率数即转速。

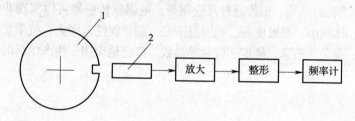

图3—28　电涡流式转速表的工作原理
1—轴　2—电涡流传感器

3. 厚度测量

电涡流传感器可以无接触地实现金属板或非金属板镀层厚度的测量，测量原理如图3—29所示。

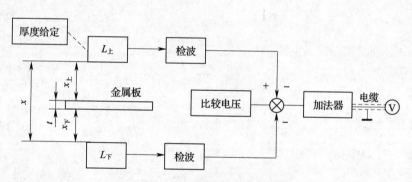

图3—29　电涡流传感器厚度测量

当金属板的厚度有变化时，传感器与金属板间的距离发生变化，通过测量电路将距离变化转换成电压的变化。为避免工作过程中金属板上、下波动影响测量精度，通常采用比较的方法进行测量。在金属板的上、下各装一只电涡流传感器，两只传感器的距离为 x，它们距离金属板的距离分别为 $x_上$ 和 $x_下$，板厚 $t = x - (x_上 + x_下)$，分别把上、下两个传感器测得的 $x_上$ 和 $x_下$ 转换成电压信号后送入加法器相加，相加后的电压再与两传感器间距离 x 相对应的设定电压进行相减，得到与板厚相对应的电压值。

本章小结

本章系统地介绍了磁敏传感器、霍尔传感器、电涡流传感器的结构、特性、工作原理及应用。本章知识要点如下：

1. 磁敏电阻、磁敏二极管、磁敏三极管的结构、工作原理与应用。磁敏电阻的电阻值随磁场的变化而变化。磁敏二极管、三极管是电特性随着外部磁场的改变而显著变化的器件。

2. 霍尔传感器的结构、工作原理及应用。霍尔传感器具有结构简单、体积小、质量轻、频率响应范围宽等优点，可实现无接触测量，可用于压力、力、位移、磁感应强度、功率、相位等信号测量，因此在测量技术、自动化技术等领域得到了广泛的应用。

3. 电涡流传感器的结构、工作原理及应用等。电涡流传感器可以实现非接触测量。由于它具有结构简单、体积小、灵敏度高、响应范围宽、测量线性范围大、抗干扰等优点，可用来检测位移、厚度、振动、转速、硬度、流量等参数，广泛地应用于生产生活的各个领域。

第四章

位置传感器

在实际生产、生活中，位置及位移的检测一直是传感器应用的重要领域之一。用于测量位移、距离、位置、尺寸、角度和角位移等物理量的传感器称为位置传感器。本章主要介绍用于检测物体位移多少的位移传感器和用于检测物体是否靠近某一位置的接近传感器。

其中位移传感器根据其信号输出形式，可以分为模拟式和数字式两大类。模拟式的有电位器式、电容式、差动变压器式、光纤式、霍尔式和电涡流式等；数字式的有光栅式位移传感器、磁栅式位移传感器、感应同步器、编码器等。在前面几章中已经介绍过光纤式、霍尔式和电涡流式这几种类型，本章将再介绍几种常见类型的位移传感器。

第一节　　模拟式位移传感器

一、电位器式位移传感器

电位器是人们熟知的机电元件，广泛应用于各种电气设备和电子设备中。电位器式传感器就是将机械位移通过电位器转换为与之成一定函数关系的电阻或电压输出的传感器。电位器按结构形式不同，可分为绕线式和非绕线式两大类。绕线电位器式传感器是目前最常用的一种，如图4—1所示。

1. 电位器的基本结构及工作原理

图4—2所示为仪表与传感器上使用的某绕线式电位器的结构原理图。它们是由电阻元件1及电刷2（活动触点）两个基本部分组成。电阻元件是由电阻

图4—1　绕线电位器式传感器

系数很好的极细的绝缘导线按照一定规律整齐地绕在一个绝缘骨架上制成的。在它与电刷相接触的部分，将导线表面的绝缘层去掉，然后加以抛光，形成一个电刷可在其上滑动的光滑而平整的接触通道。电刷通常由具有弹性的金属薄片或金属丝制成，其末端弯曲成弧形。利用电刷本身的弹性变形所产生的弹性力，使电刷与电阻元件之间有一定的接触压力，以使两者在相对滑动过程中保持可靠的接触和导电。

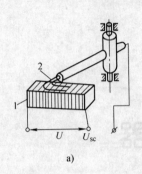 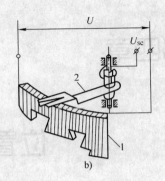

图4—2　电位器的结构原理图

a）直线型　b）圆弧形

1—电阻元件　2—电刷

　　根据输出量要求的不同，电位器既可作变阻器用，也可作为分压器用，其电路图如图4—3所示。用作变阻器使用时，滑动触头 A 与固定触头 B 短接，然后将固定触头 O 和短接后的 A、B 触头点接到电路中；用作分压器使用时，滑动触头 A、固定触头 O 和 B 分别接到电路中。

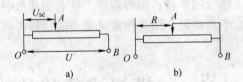

图4—3　电位器在不同使用方式下的电路图

a）分压器　b）变阻器

　　利用电位器作为传感元件可以制成各种电位器式传感器，用以测定线位移或角位移。电位器的优点是结构简单、尺寸小、质量轻，输出特性精度高，可达到0.1%或更高，而且稳定性好，可以实现线性及任意函数特性。因其受环境因素影响小，输出信号较大，一般不需要放大。但它也存在一定的缺点，主要存在摩擦和磨损。由于有摩擦，因而要求敏感元件有较大的输出功率，否则会降低传感器的精度；又由于有滑动触点及磨损，从而使电位器的可靠性和寿命受到影响。

　　目前电位器正是围绕着减小或消除摩擦、提高使用寿命和可靠性、提高精度和分辨率等方面不断进行发展。

2．电位器式位移传感器的主要技术参数

（1）符合度

　　符合度又叫符合性，是指电位器的实际输出函数特性和所要求的理论函数特性之间的符合程度。它用实际特性和理论特性之间的最大偏差对外加总电压的百分数表示，可以代表电位器的精度。

（2）分辨力

　　分辨力决定于电位器的理论精度。对于绕线电位器和线性电位器来说，分辨力是用动触点在绕组上每移动一匝所引起的电阻变化量与总电阻的百分比表示。对于具有函数特性的电位器来说，由于绕组上每一匝的电阻不同，故分辨力是个变量。此时，电位器的分辨力一般是指函数特性曲线上斜率最大一段的平均分辨力。

（3）滑动噪声

滑动噪声是电位器特有的噪声。在改变电阻值时，由于电位器电阻分配不当、转动系统配合不当以及电位器存在接触电阻等原因，会使动触点在电阻体表面移动时，输出端除有用信号外，还伴有随着信号起伏不定的噪声。

对于绕线电位器来说，除了上述的动触点与绕组之间的接触噪声外，还有分辨力噪声和短接噪声。分辨力噪声是由电阻变化的阶梯性所引起的，而短接噪声则是当动触点在绕组上移动而短接相邻线匝时产生的，它与流过绕组的电流、线匝的电阻以及动触点与绕组间的接触电阻成正比。

（4）电位器的机械寿命

电位器的机械寿命也称磨损寿命，常用机械耐久性表示。机械耐久性是指电位器在规定的试验条件下，动触点可靠运动的总次数，常用"周"表示。机械寿命与电位器的种类、结构、材料及制作工艺有关，差异相当大。

除了上述的特性参数外，电位器还有额定功率、阻值允许偏差、最大工作电压、额定工作电压、绝缘电压、温度参数、噪声电动势及高频特性等参数，这些参数的意义与电阻器相应特性参数的意义相同。

3. 电位器的材料

（1）绕线式电位器

要求电阻丝具有电阻率高、电阻温度系数小、耐磨、耐腐蚀等特点。常用的材料有铜锰合金类、铜镍合金类、铂铱合金类。

（2）非绕线式电位器

非绕线式电位器又分为薄膜电位器、光电电位器等。

1）薄膜电位器。薄膜电位器通常有两种，一种是碳膜电位器，另一种是金属膜电位器。碳膜电位器在绝缘骨架表面喷涂一层均匀的电阻液，经烘干聚合制成电阻。电阻液由石墨、碳膜、树脂材料配合而成。这种电位器的特点是分辨率高、耐磨性好、工艺简单、成本较低、线性较好，但接触电阻及噪声较大等。

金属膜电位器是在绝缘基体上用高温蒸镀或电镀方法涂上一层金属膜而制成。金属膜为合金锗铑、铂铜、铂铑锰等。该电位器温度系数小，可在高温下工作，但存在耐磨性差、功率小、阻值较小（$1 \sim 2 \ \text{k}\Omega$）等缺陷。

2）光电电位器。光电电位器是一种非接触式电位器，用光束代替电刷，克服了薄膜电位器耐磨性差、寿命较短的缺点。

光电电位器如图4—4所示，当无光照射时，因光电导材料暗电阻极大，电阻带与电极之间可视为断路；当电刷窄光束照射在窄间隙上时，电阻带与光电极接通，这样在外电源E的作用下，负载电阻上输出的电压随着电刷窄光束移动而变化。

光电电位器具有耐磨性好，精度、分辨率高，寿命长（可达亿万次循环），可靠性好，阻值范围宽（$500 \ \Omega \sim 15 \ \text{M}\Omega$）等优点；光电导层虽经窄光束照射而导通，但照射处电阻还是很大，光电电位器输出电流很小，需要接高输入阻抗放大器，工作温度范围比较窄，线性度不高。此外，光电电位器结构比较复杂，需要光源和光学系统，体积和质量比较大。但随着集成光路器件的发展，制成集成光路芯片，使光学系统的体积和质量减小，光电电位器结构也将简单化。

4. 电位器式位移传感器的应用

电位器式液面高度测试仪是电位器式位移传感器的一个典型应用。电位器配以电桥电路组成位置检测电路，如图4—5所示。电位器RP1装置在液位检测滑轮上，如图4—6a所示，电位器RP1的动臂轴固定在滑轮中心，当浮子随液面的变化升高或降低时，通过拉线便可带动滑轮转动，滑轮又带动电位器RP2的动臂旋转，由于旋转时其阻值发生变化，使电桥电路失去平衡。为了测出液面高度的变化，可旋动图4—6b中所示的旋钮，通过拉线带动电位器RP1上的滑轮转动，使RP2的阻值发生变化，直到电流表A的指针回到零位，使电桥电路重新达到平衡。通过与RP2同轴安装的刻度盘上读数，便可测知液面的高度。

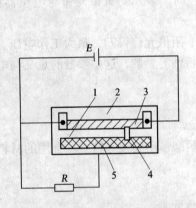

图4—4 光电电位器

1—光电导层 2—基体 3—薄膜电阻带
4—电刷窄光束 5—光电极

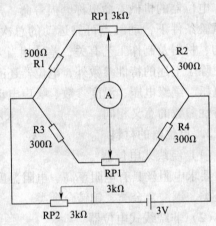

图4—5 电位器式位置测试仪电路

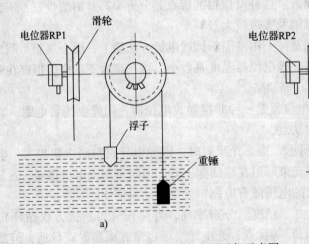

图4—6 液面高度测试仪示意图

二、电容式位移传感器

电容式位移传感器是通过把被测量转换成电容量的变化来工作的一种传感器。它具有结构简单、灵敏度高、动态响应特性好、适应性强、抗过载能力大及价格便宜等特点，可以用来测量位移、液位、振动、压力、力等参数。但电容式传感器的泄漏电阻和非线性等缺点也给它的应用带来一定的局限。随着电子技术的发展，特别是集成电路的应用，这些缺点逐渐得到了克服，从而促进了电容式传感器的广泛应用。

1. 电容式传感器的基本原理及分类

电容式传感器的基本工作原理可用图 4—7 所示的平板电容器来说明。

设两极板相互覆盖的有效面积为 A（m^2），两极板间的距离为 d（m），极板间介质的介电常数为 ε（F/m），在忽略极板边缘影响的条件下，平板电容器的电容量 C（F）为：

$$C = \varepsilon A/d$$

由公式可以看出 ε、A、d 三个参数都直接影响着电容量 C 的大小。如果保持其中两个参数不变，而使另外一个参数改变，则电容量就将发生变化。如果变化的参数与被测量之间存在一定的函数关系，那被测量的变化就可以直接由电容量的变化反映出来。

由此可以看出，电容式传感器可以分为三种类型：改变极板面积的变面积式、改变极板距离的变间隙式和改变介电常数的变介电常数式。

变间隙式电容传感器一般用来测量微小的线位移（零点一微米至零点几毫米）或由于力、压力、振动等引起的极距变化；变面积式电容传感器一般用来测量角位移（一度至几十度）或较大的线位移；变介电常数式电容传感器用来测量物位或液位以及各种介质的湿度、密度等。

（1）变面积式电容传感器

如图 4—8 所示，是一直线位移型电容式传感器的示意图。

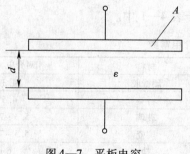

图 4—7　平板电容

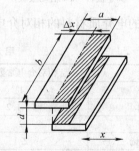

图 4—8　直线位移型电容式
传感器示意图

当动极板移动 Δx 后，覆盖面积就发生了变化，电容也随之改变。变面积式电容传感器的灵敏度为常数，即输出与输入呈线性关系，增加极板的长度 b 或减小极板间的距离 d 均可提高传感器的灵敏度。

如图 4—9 所示，是变面积式电容传感器的派生型。

（2）变间隙式电容传感器

 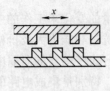 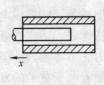 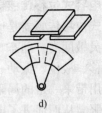

a)   b)   c)   d)

图4—9　变面积式电容传感器的派生型

a) 角位移型　b) 齿形极板型　c) 圆筒形　d) 差动型

图4—10所示为变间隙式电容传感器的原理图。图中1是固定极板，2是与被测对象相连的活动极板。当活动极板因被测参数的改变而引起移动时，两极板间的距离 d 发生变化，从而改变了两极板间的电容 C。

一般通过减小间隙，并在极板间放置云母、塑料膜等介电常数高的物质来提高灵敏度。在实际应用中，常采用差动式结构。

（3）变介电常数式电容传感器

当电容式传感器中的电介质改变时，其介电常数变化，从而引起电容量发生变化。此类传感器的结构形式有很多种，图4—11所示为变介质面积式电容传感器。这种传感器既可以用来测量物体位置或液体位置，也可测量位移。

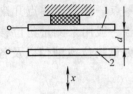   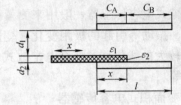

图4—10　变间隙式电容传感器原理图   图4—11　变介质面积式电容传感器

1—固定极板　2—活动极板

几种常用的电介质材料的相对介电常数 ε_r 列于表4—1中。

表4—1　　　　　　　　　　　　电介质材料相对介电常数

材料	相对介电常数 ε_r	材料	相对介电常数 ε_r
真空	1	硬橡胶	4.3
其他气体	1 ~ 1.2	石英	4.5
纸	2	玻璃	5.3 ~ 7.5
聚四氟乙烯	2.1	陶瓷	5.5 ~ 7.0
石油	2.2	盐	6
聚乙烯	2.3	云母	6 ~ 8.5
硅油	2.7	三氧化二铝	8.5
米及谷类	3 ~ 5	乙醇	20 ~ 25
环氧树脂	3.3	乙二醇	35 ~ 40
石英玻璃	3.5	甲醇	37
二氧化硫	3.8	丙三醇	47
纤维素	3.9	水	80
聚氯乙烯	4.0	碳酸钡	1 000 ~ 10 000

提示

在测量时，当电极间存在导电物质时，电极表面应涂盖绝缘层（如涂 0.1 mm 厚的聚四氟乙烯等），防止电极间短路。

2. 电容式传感器的测量电路

电容式传感器把被测量（如尺寸、压力等）转换成电参数 C。为了使信号能在传输、放大、运算、处理、指示、记录、控制后，得到所需的测量结果或控制某些设备工作，还需要将电参数 C 进一步转换成电压或电流（电量参数）。将电容量转换成电量的电路称为电容式传感器的转换电路。转换电路的种类很多，目前比较常用的是电桥电路、调频电路、脉冲调宽电路和运算放大电路等。

（1）普通交流电桥

图 4—12 所示由 C、C_0 和阻抗 Z 组成一个交流电桥的测量系统，其中 C 为电容传感器的电容，Z 为等效配接阻抗。用一振荡器产生等辐高频交流电压 U_i，加于电桥对角线 AB 两端，作为其交流信号源。由电桥另一对角 CD 两端输出电压 U_o。各配接元件在初始调整至平衡状态，输出电压 $U_o=0$。当传感器电容 C 变化时，电桥失去平衡，而输出一个和电容成正比例的电压信号，此交流电压的幅值随 C 而变化。

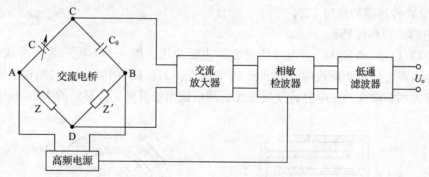

图 4—12 普通交流电桥测量系统

（2）调频电路

调频测量电路是把电容式传感器与一个电感元件配合成一个振荡器谐振电路。当电容传感器工作时，电容量发生变化，导致振荡频率产生相应的变化；再通过鉴频电路将频率的变化转换为振幅的变化，经放大器放大后即可显示，这种方法称为调频法。图 4—13 所示为调频－鉴频电路原理。

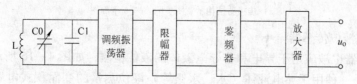

图 4—13 调频－鉴频电路原理

调频振荡器的振荡频率由下式决定：

$$f = \frac{1}{2\pi \sqrt{LC}}$$

式中，L 为振荡回路电感；C 为振荡回路总电容。

调频测量电路的主要优点是抗外来干扰能力强，特性稳定，并且可取得较高的直流输出信号。

（3）脉冲调制电路

图 4—14 所示为差动脉冲宽度调整电路。这种电路根据差动电容式传感器电容 C_1 和 C_2 的大小控制直流电压的通断，所得方波与 C_1 和 C_2 有确定的函数关系。线路的输出端就是双稳态触发器的两个输出端。

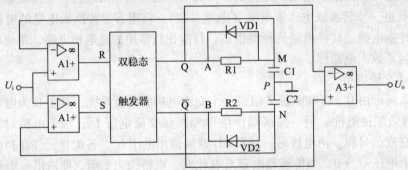

图 4—14　差动脉冲宽度调整电路

3. 电容式传感器的应用

（1）电容式位移传感器

测量位移（线、角位移）是电容传感器的主要应用，图 4—15 所示为一种线位移传感器。电容器由两个同轴圆形片构成的极板 1、2 组成，当极板沿中心轴方向随被测体移动时，两极板的遮盖面积改变，使电容量发生变化，测量该值便可确定位移量的大小。

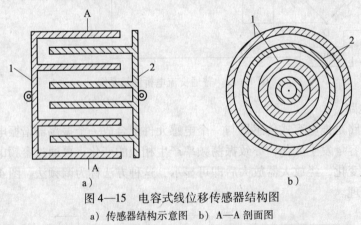

图 4—15　电容式线位移传感器结构图

a）传感器结构示意图　b）A—A 剖面图

（2）电容式液位传感器

电容式传感器也被应用于导电和非导电液体的液位检测，如图 4—16 所示。

图 4—16a 是一种用于导电液体（水、水银等）液位测量的变面积式电容式液位传感器的原理图。为了避免产生放电和杂散电容，需要将金属容器接地。图 4—16b 所示的电容式

液位传感器建立在变介电常数的基础上。若导电圆柱体是同轴圆柱体，则总电容：

$$C = \frac{2\pi(\varepsilon_1 h_1 + \varepsilon_2 h_2)}{\ln \dfrac{d_2}{d_1}}$$

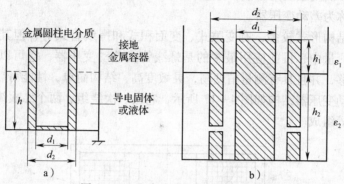

图 4—16　电容式液位传感器的应用

a）用于导电液体　b）非导电液体

该电容液位传感器的优点在于没有杂散电容，C 也随 h 线性增大，但被测液位必须为非导电液体。

4. 电容式传感器应用中应注意的问题

（1）温度对结构尺寸的影响

环境温度的改变将引起电容式传感器各部分零件几何尺寸和相互间几何位置的变化，从而产生附加电容。尤其是极板间距仅为几十微米至几百微米时，温度引起的尺寸相对变化就可能相当大，从而造成很大的特性温度误差。因此，在设计电容传感器时，应选择合理的初始电容量，选择温度膨胀系数小、几何尺寸稳定的材料，或者在测量电路中采用差动对称结构加以补偿。

（2）电容电场的边缘效应

在理想的条件下，平行板电容器的电场均匀分布于两极板相互覆盖的空间，但是实际上，在极板的边缘附近，电场分布是不均匀的。这种电场的边缘效应相当于在传感器上并联了一个附加电容，其结果是使传感器的灵敏度下降和非线性增加。为了尽量减少边缘效应，首先应增大电容器的初始电容量，即增大极板面积和减小极板间距。另外，加装等位环也是有效的办法。

（3）寄生电容的影响

任何两个导体之间均可构成电容联系。电容式传感器除了极板间电容外，极板还可能与周围物体（包括仪器中的各种元件甚至人体）之间产生电容联系，这种电容称为寄生电容。由于传感器本身电容很小，所以寄生电容可能会使传感器电容量发生明显改变；而且寄生电容极不稳定，从而导致传感器特性的不稳定，对传感器产生严重干扰。为了克服寄生电容的影响，必须对传感器进行静电屏蔽，即将电容器极板放置在金属壳内，并将壳体良好接地。出于同样的原因，其电极的引出线也必须用屏蔽线，且屏蔽线外套须同样良好接地。此外，屏蔽线本身的电容量较大，并且由于放置位置和形状不同，有较大的变化，这也会造成传感器灵敏度下降和特性不稳定。目前解决这一问题的有效办法是采用双层屏蔽等电位传输技术。

三、差动变压器式位移传感器

差动变压器的工作原理类似于变压器。主要包括衔铁、一次绕组和二次绕组等。一、二次绕组间的耦合能随衔铁的移动而变化，即绕组间的互感随被测位移的改变而变化。由于在使用时采用两个二次绕组反向串接，以差动的方式输出，所以将这种传感器称为差动变压器式传感器，通常称为差动变压器。

差动变压器结构形式较多，有变隙式、变面积式和螺线管式等，但其工作原理基本一样。在非电量的测量中，目前应用最多的是螺线管式差动变压器，它可以测量 1～100 mm 范围内的机械位移，并且具有测量精度高，灵敏度高，结构简单，性能可靠等优点。

螺线管式差动变压器结构如图4—17所示，它由一次绕组、两个二次绕组和插入绕组中央的圆柱形铁心等组成。

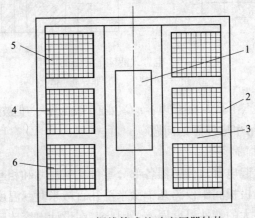

图4—17　螺线管式差动变压器结构

1—活动衔铁　2—导磁外壳　3—骨架　4—匝数为 W_1 的一次绕组
5—匝数为 W_{2a} 的二次绕组　6—匝数为 W_{2b} 的二次绕组

螺线管式差动变压器按绕组排列方式的不同，可分为一节式、二节式、三节式、四节式和五节式等类型，如图4—18所示。一节式灵敏度高，三节式零点残余电压较小，通常采用的是二节式和三节式两类。

差动变压器即传感器中两个二次绕组反向串联，在忽略铁损、导磁体磁阻和绕组分布电容的理想条件下，其等效电路如图4—19所示。当一次绕组 W_1 加以激励电压 U_1 时，根据变压器的工作原理，在两个二次绕组 W_{2a} 和 W_{2b} 中便会产生感应电动势 E_{2a} 和 E_{2b}。如果在工艺上保证变压器结构完全对称，则当活动衔铁处于初始平衡位置时，必然会使两互感系数 $M_1 = M_2$。根据电磁感应原理，将有 $E_{2a} = E_{2b}$。由于变压器两个二次绕组反向串联，因而 $U_2 = E_{2a} - E_{2b} = 0$，即差动变压器输出电压为零。实际上衔铁处于初始平衡位置时输出电压并不等于零，而是一个很小的电压值，称为零点残余电压。如上所述，在具体测量电路中可以予以消除。

当活动衔铁向上移动时，由于磁阻的影响，W_{2a} 中磁通将大于 W_{2b}，使 $M_1 > M_2$，因而 E_{2a} 增加，而使 E_{2b} 减小。反之，E_{2b} 增加，E_{2a} 减小。因为 $U_2 = E_{2a} - E_{2b}$，所以当 E_{2a}、E_{2b} 随着衔铁位移 x 变化时，U_2 也必将随 x 变化。因此，通过一定的测量电路检测输出电压的变化，即可确定位移的变化。

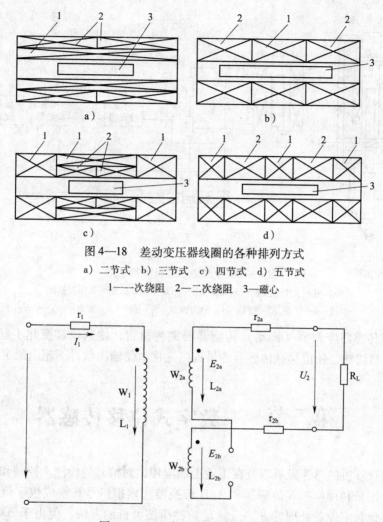

图 4—18 差动变压器线圈的各种排列方式

a）二节式 b）三节式 c）四节式 d）五节式

1——次绕阻 2—二次绕阻 3—磁心

图 4—19 差动变压器线圈等效电路

1. 差动变压器式传感器的应用

差动变压器式传感器可用来测位移，如图 4—20 所示，其中图 4—20a 所示是轴向式测试头的结构示意图，图 4—20b 所示是差动变压器式测位移的原理框图。测量时探头的顶尖与被测件接触，被测件的微小位移会使衔铁在差动线圈中移动，线圈的感应电动势将产生变化，这一变化量通过引线接到交流电桥，电桥的输出电压经电流放大器、相敏检波器，转换成能够反映被测件的位移变化大小及方向的电压信号。

2. 差动变压器式位移传感器的使用注意事项

（1）传感器测杆与被测物垂直接触。

（2）活动的铁心和测杆不能因受到侧向力而造成变形弯曲，否则会严重影响测杆的活动灵活性。不可敲打传感器或使传感器跌落。

（3）接线牢固，避免压线、夹线。

（4）固定夹持传感器壳体时，避免松动，但也不可用力太大、太猛。

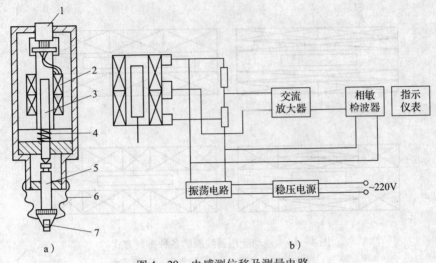

图 4—20　电感测位移及测量电路

a）轴向式测试头结构示意图　b）差动变压器式测位移原理框图

1—引线　2—线圈　3—衔铁　4—测力弹簧　5—导杆　6—密封罩　7—探头

（5）安装传感器应调节（挪动）传感器的夹持位置，使其位移变化不超出测量范围，即通过观测位移读数，使位移在传感器的量程内变化，使输出信号不超出额定范围。

第二节　　数字式位移传感器

随着微型计算机的迅速发展以及在工业上的应用，对信号的检测、控制和处理必然进入数字化阶段。原来利用模拟式传感器和 A/D 转换器将模拟信号转换成数字信号，然后由微型计算机和其他数字设备处理的方法虽然是一种简便可行的方法，但由于 A/D 转换器的转换精度受到参考电压精度的限制而不可能很高，系统的总精度也将受到限制。如果有一种传感器能直接输出数字量，那么精度问题就可以得到解决，这种传感器就是数字式传感器。数字式传感器是一种能把被测模拟量直接转换成数字量的输出装置，它具有检测精度高、使用寿命长、抗干扰能力强、使用方便等优点。

目前，常用的数字式传感器有栅式数字传感器、感应同步式数字传感器等，栅式数字传感器根据工作原理的不同又分为光栅式和磁栅式两种。

一、光栅式位移传感器

光栅式位移传感器（见图 4—21）主要用于长度和角度的精密测量以及数控系统的位置检测等，具有测量精度高、抗干扰能力强、适用于实现动态测量和自动测量等特点，在坐标测量仪和数控机床的伺服系统中有广泛的应用。

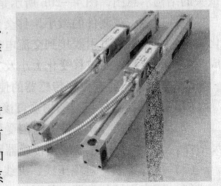

图 4—21　光栅式位移传感器

1．光栅

（1）光栅的类型

光栅是由很多等节距的透光缝隙和不透光刻线均匀相间排列成的光电器件，光栅上的刻线称为栅线，如图4—22所示。光栅上栅线的宽度为 a（一般为8～12 mm），线间宽度为 b，一般取 $a = b$，而光栅栅距 $W = a + b$（也称为光栅常数或光栅节距）是光栅的重要参数，用每毫米长度内的栅线数表示栅线密度，如100线/mm，250线/mm。

光栅按其原理和用途可分为物理光栅和计量光栅。物理光栅刻线细密，利用光的衍射现象，主要用于光谱分析和光波波长等量的测量；在几何计量中使用的光栅称为计量光栅，计量光栅主要利用莫尔现象实现长度、角度、速度、加速度、振动等几何量的测量。

按其透射形式，光栅可分为透射式光栅和反射式光栅。刻划基面采用玻璃材料的为透射式光栅；刻划基面采用金属材料的为反射式光栅。

按其栅线形式，光栅可分为黑白光栅（幅值光栅）和闪耀光栅（相位光栅）。黑白光栅是利用照相复制工艺加工而成的，其栅线与缝隙为黑白相间结构；闪耀光栅的横断面呈锯齿状，常用刻划工艺加工而成。

按其应用类型，光栅可分为长光栅和圆光栅。长光栅又称光栅尺，用于测量长度或线位移；圆光栅又称盘栅，用于测量角度或角位移。长光栅分为透射式和反射式，而且均有黑白光栅和闪耀光栅，圆光栅一般只有透射式黑白光栅。

目前还发展了激光全息光栅和偏振光栅等新型光栅。本部分内容主要介绍计量光栅。

（2）莫尔条纹

计量光栅是利用莫尔现象实现几何量的测量的，由主光栅和指示光栅的遮光和透光效应形成（两只光栅参数相同）。主光栅用于满足测量范围及精度，指示光栅（通常从主尺上裁截一段）用于拾取信号。将主光栅与指示光栅的刻划面相叠合并且使两者栅线有很小的交角 θ，这样就可以看到，在 $d - d$ 线上两只光栅栅线彼此错开，光线从缝隙中透过形成亮带，其透光部分是由一系列菱形图案构成的；在 $f - f$ 线上两只光栅栅线相互交叠，相互遮挡缝隙，光线不能透过形成暗带。这种亮带和暗带相间的条纹称为莫尔条纹。由于莫尔条纹的方向与栅线方向近似垂直，故该莫尔条纹称为横向莫尔条纹。莫尔条纹的原理如图4—23所示。

除横向莫尔条纹外，还有光闸莫尔条纹。当主尺与指示光栅间刻线夹角 θ 等于零时，莫尔条纹的宽度呈无限大。当两者相对移动时，入射光的作用就像闸门一样时启时闭，故称为光闸莫尔条纹。两光栅相对移动一个栅距，光闸莫尔条纹明暗变化一次。

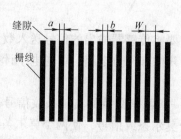

图4—22　光栅结构

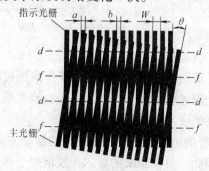

图4—23　莫尔条纹

（3）莫尔条纹的重要特性

1）平均效应。莫尔条纹是由光栅的大量栅线共同形成的，对光栅栅线的刻划误差有平均作用，从而能在很大程度上消除刻线周期误差对测量精度的影响。

2）放大作用。当主光栅沿与刻线垂直方向移动一个栅距 W 时，莫尔条纹移动一个条纹间距 B。当两个等距光栅的栅间夹角 θ 较小时，主光栅移动一个栅距 W，莫尔条纹移动 KW 距离，K 为莫尔条纹的放大系数，即 $K = B/W \approx 1/\theta$。当 θ 角较小时，莫尔条纹的放大倍数相当大。这样就可以把肉眼看不见的光栅位移变成了清晰可见的莫尔条纹移动，可以用测量条纹的移动来检测光栅的位移，从而实现高灵敏度的位移测量。

3）对应关系。两光栅沿与栅线垂直的方向相对移动时，莫尔条纹沿栅线夹角 θ 的平分线方向移动。当光栅反向移动时，莫尔条纹亦反向移动。利用这种严格的一一对应关系，根据光电元件接收到的条纹数目，就可以计算出小于光栅栅距的微小位移。

2. 光栅式位移传感器的结构与工作原理

光栅式位移传感器是利用莫尔条纹将光栅栅距的变化转换成莫尔条纹的变化的，只要利用光电元件检测出莫尔条纹的变化次数，就可以计算出光栅尺移动的距离。光栅式位移传感器作为一个独立完整的测量系统，它包括光栅尺和光栅数显表两部分。

（1）光栅尺

光栅尺由光源、主光栅、指示光栅、光电元件及光学系统组成，如图 4—24 所示。其中主光栅和被测物相连，它随被测物的直线位移而产生移动。当主光栅产生位移时，莫尔条纹便随着产生位移，若用光电器件记录莫尔条纹通过某点的数目，便可知主光栅移动的距离，也就测得了被测物体的位移量。利用上述原理，通过多个光敏器件对莫尔条纹信号的内插细分，便可检测出比光栅距还小的位移量及被测物体的移动方向。

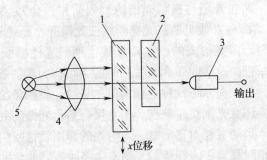

图 4—24　光栅式位移传感器的结构原理图

1—主光栅　2—指示光栅　3—光电元件　4—聚光镜　5—光源

（2）光栅数显表

为了辨别位移的方向，进一步提高测量精度，需要将传感器输出的信号送入数显表，做进一步处理才能显示。光栅数显表由放大整形电路、辨向和细分电路、可逆电子计数器以及显示电路组成。

1）辨向电路。对于辨别光栅的移动方向，仅有一条明暗交替的莫尔条纹信号是无法辨别的。因此，可在原来的莫尔条纹信号上再加上一个莫尔条纹信号，使两个莫尔条纹信号相差 $\pi/2$ 相位。具体实现方法是在相隔 1/4 条纹间的位置上安装两只光敏元件，如图 4—25

所示，两只光敏元件的输出信号经整形后得到方波 U_1 和 U_2，然后把这两路方波输入如图 4—25b 所示的辨向电路，即可辨别移动的方向。

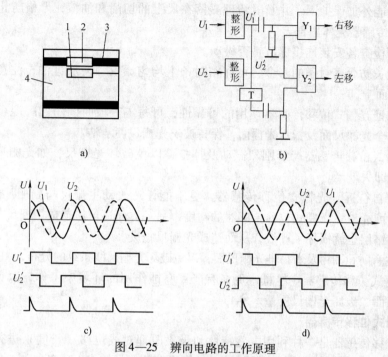

图 4—25　辨向电路的工作原理

a）光栅　b）方波输入辨向图　c）右移波形　d）左移波形

1、2—光电元件　3—莫尔条纹　4—指示光栅

2）细分。为了提高测量精度，可以采用增加刻线密度的方法，但是这种方法受到制造工艺的限制。还有一种方法就是采用细分技术，所谓细分（也叫倍频），是在莫尔条纹变化一个周期内输出若干个脉冲，减小脉冲当量，从而提高测量精度。

3. 光栅传感器的应用

图 4—26 所示为光栅式传感器用于数控机床的位置检测的位置闭环控制系统框图。由控制系统生成的位置指令 P_c 控制工作台移动。工作台移动过程中，光栅数字传感器不断检测工作台的实际位置 P_f，并进行反馈（与位置指令 P_c 比较），形成位置偏差 P_e（$P_e = P_f - P_c$），当 $P_f = P_c$ 时，则 $P_e = 0$，表示工作台已到达指令位置，伺服电动机停转，工作台准确地停在指令位置上。

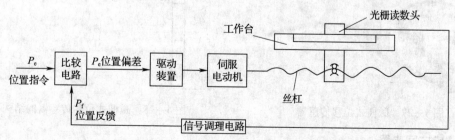

图 4—26　数控机床位置控制框图

4. 光栅式位移传感器的使用注意事项

（1）光栅式位移传感器与数显表插头在插拔时应关闭电源后进行。

（2）尽可能外加保护罩，并及时清理溅落在尺上的切削和油液，严格防止任何异物进入光栅式位移传感器壳体内部。

（3）定期检查各安装连接螺钉是否松动。

（4）为延长防尘密封条的寿命，可在密封条上均匀涂上一薄层硅油，注意切勿溅落在玻璃光栅刻划面上。

（5）为保证光栅式位移传感器使用的可靠性，可每隔一段时间用乙醇混合液（50%乙醇）清洗擦拭全光栅尺面及指示光栅面，保持玻璃光栅尺面清洁。

（6）光栅式位移传感器严禁剧烈振动及摔打，以免破坏光栅尺，如光栅尺断裂，光栅式位移传感器即失效了。

（7）不要自行拆开光栅式位移传感器，更不能任意改动主栅尺与副栅尺的相对间距，否则，一方面可能破坏光栅式位移传感器的精度，另一方面还可能造成主栅尺与副栅尺的相对摩擦，损坏铬层也就损坏了栅线，从而造成光栅尺报废。

（8）应注意防止油污及水污染光栅尺面，以免破坏光栅尺线条纹的分布，引起测量误差。

（9）光栅式位移传感器应尽量避免在有严重腐蚀作用的环境中工作，以免腐蚀光栅铬层及光栅尺表面，破坏光栅尺质量。

二、磁栅式位移传感器

磁栅式位移传感器是一种利用电磁特性和录磁原理对线位移（长度）进行测量的传感器。由于其加工工艺简单，并且当需要时，可将原有的信号抹去，重新录制，因此在机床上用于线位移测量时，可极大地提高测量精度。

磁栅式位移传感器（见图4—27）由磁性标尺、拾磁磁头和检测电路三部分组成。

磁栅式位移传感器的结构如图4—28所示。磁性标尺和拾磁磁头分别安装在有对应位移的两个机械部件上。在检测过程中，磁头读取磁性标尺上的磁化信号，将它转换为电信号，通过检测电路把磁头对应于磁性标尺的位置或位移量送到数控装置。

图4—27　磁栅式位移传感器

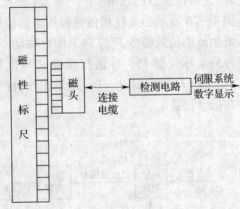

图4—28　磁栅式位移传感器的结构

三、感应同步器

感应同步器是利用电磁感应原理进行工作的一种较精密的位移传感器，具有对环境要求低、抗干扰能力强、维护简单、使用寿命长等优点。它与数显表配合使用，能测 0.01 mm 甚至 0.001 mm 的直线位移或 0.5′的角位移，并能实现数字显示，还可用于大位移的测量，所以在自动检测和自动控制系统中得到广泛应用。

1. 感应同步器的种类及结构

感应同步器按其用途不同，可分为测量直线位移的直线感应同步器和测量角位移的圆感应同步器两大类。

（1）直线感应同步器

直线感应同步器由定尺和滑尺组成，如图 4—29 所示。在定尺和滑尺上制作有印制电路绕组，如图 4—30 所示，定尺上是连续绕组，节距（周期）$W = 2 (a_2 + b_2) = 2$ mm；滑尺上的绕组分两组，在空间差 90°相角（即 1/4 节距），分别称为正弦绕组和余弦绕组，两组节距相等，$W_1 = 2 (a_1 + b_1)$。定尺一般安装在设备的固定部件上（如机床床身），滑尺则安装在移动部件上。

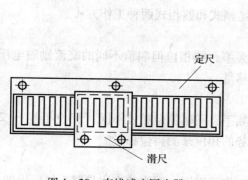

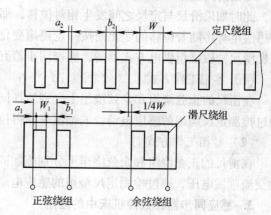

图 4—29　直线感应同步器　　　　　图 4—30　直线感应同步器
　　　　外形示意图　　　　　　　　　　印制电路绕组

根据运行方式、精度要求、测量范围以及安装条件等，直线感应同步器有不同的尺寸、形状和种类。

1）标准型。精度最高，应用范围最广，若测量范围超过 150 mm，可以将几根定尺接起来用。

2）窄型。定尺、滑尺宽度比标准型窄，用于安装尺寸受限制的设备，其精度不如标准型。

3）带型。定尺的基板为钢带，滑尺做成游标式，直接套在定尺上，适用于安装表面不易加工的设备，使用时只需将钢带两头固定即可。

（2）圆感应同步器

圆感应同步器由定子和转子组成，如图 4—31 所示。其转子相当于直线感应同步器的定尺，定子相当于滑尺。目前圆感应同步器的直径有 302 mm、178 mm、76 mm、50 mm 四种，其径向导体数（也称极数）有 360、720、1080、512 等几种。圆感应同步器的定子绕组也做成正弦、余弦绕组形式，两者要相差 90°相角，转子为连续绕组。

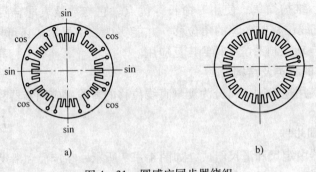

图 4—31　圆感应同步器绕组

a）定子绕组　b）转子绕组

2. 感应同步器的工作原理

当给滑尺上某一励磁绕组加上交流电压时，由于电磁感应，在定尺绕组上产生感应电动势，此时如果滑尺与定尺之间发生相对位移，那么由于电磁耦合关系发生变化，定尺绕组中的感应电势将随着位移的变化而按一定规律变化。感应同步器就是根据此原理进行检测的。根据滑尺励磁绕组供电方式不同，感应同步器有鉴幅式和鉴相式两种工作方式。

（1）鉴幅工作方式

在滑尺的正弦绕组和余弦绕组上分别施加同频率、同相位但幅值不同的交流励磁电压，通过检测定尺绕组的感应电动势的幅值来测得位移量。

（2）鉴相工作方式

在滑尺的正弦绕组和余弦绕组上分别施加同频率、同幅值但相位不同（相位相差 $\pi/2$）的交流励磁电压，通过检测定尺绕组的感应电动势的相位来测得位移量。

3. 感应同步器在数控机床中的应用

图 4—32 所示为鉴相工作方式的感应同步器工作原理图。图中感应同步器不仅可用做位移测量，而且也可以作为数字控制系统的闭环反馈元件。

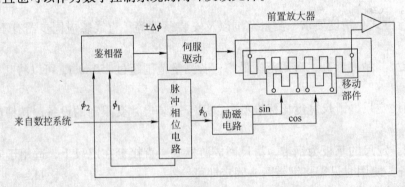

图 4—32　鉴相型感应同步器控制原理图

（1）工作原理

数控系统的指令脉冲通过脉冲相位转换器送出给基准信号 φ_0 及指令信号 φ_1，φ_0 信号通过励磁电路产生正弦和余弦两种电压给滑尺的两个绕组励磁。定尺上感应的信号通过前置放大整形后再将信息 φ_2 送回（反馈）到鉴相器，在鉴相器中进行相位比较，判断 $\Delta\varphi$ 的大小和方向，并将

$\Delta\varphi$ 的数值送至伺服驱动机构，控制伺服元件的移动方向和移动量，直至 $\Delta\varphi=0$，此时表明机械移动部件的实际位置与数控系统输出的指令值相符，于是运动部件停止移动。

（2）感应同步器的安装

如图4—33所示是感应同步器的安装结构图。其安装结构由定尺组件、滑尺组件和防护罩三部分组成。定尺和滑尺组件分别由尺身和尺座组成，它们分别安装在基础的不动和移动部件上（例如，工作台和床身）。防护罩用来保护防止铁屑和油污的侵入。

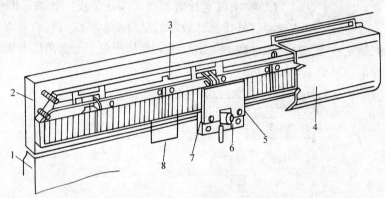

图4—33 感应同步器的安装结构图

1—机床不动件 2—机床移动部件 3—定尺座 4—防护罩 5—滑尺 6—滑尺座 7—调整板 8—定尺

四、编码器

编码器是一种将信号或数据进行编制并转换为可用以通信、传输和存储的信号形式的设备。编码器主要分为脉冲盘式编码器和码盘式编码器两大类。脉冲盘式编码器又称为增量编码器，不能直接输出数字编码，需要增加有关数字电路后才可能得到数字编码，而码盘式编码器能直接输出某种码制的数码。由于精度高、分辨率高和可靠性高，这两种数字传感器已被广泛应用于各种位移的测量中。

1.脉冲盘式编码器

（1）脉冲盘式编码器结构和工作原理

脉冲盘式编码器的圆盘上等角距地开有两道缝隙，内外圈的相邻两缝距离错开1/4周期。另外，在某一径向位置，一般在内外圈之外，开有一狭缝，表示码盘的零位。在它们相对两侧面分别安装有光源和光电接收元件，如图4—34所示。当转动码盘时，光线经过透光和不透光的区域，每个码道将有一系列光电脉冲输出。通过对光电脉冲计数、显示和处理，就可以测出码盘的转动角度。

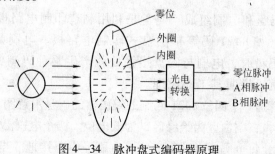

图4—34 脉冲盘式编码器原理

（2）脉冲盘式编码器的辨向方式

为了辨别码盘的转动方向，可以采用如图4—35所示的原理图。脉冲盘式编码盘两个码道产生的光电脉冲被两个光电元件接收，产生 A、B 两个输出信号，这两个输出信号经过放大整形后，产生 P_1 和 P_2 两个脉冲，将它们分别接到 D 触发器的 D 端和 CP 端，D 触发器在 CP 脉冲（P_2）的上升沿触发。当正转时，P_1 脉冲超前 P_2 脉冲90°，触发器的 Q = "1"，$\overline{Q}$ = "0"，表示正转；当反转时，P_2 超前 P_1 脉冲90°，触发器的 Q = "0"，$\overline{Q}$ = "1"，表示反转。分别用 Q = "1"，$\overline{Q}$ = "1" 控制可逆计数器是正向还是反向计数，即可将光电脉冲变成编码输出。由零位产生的脉冲信号接至计数器的复位端，实现每转动一圈复位一次计数器的目的。无论是正转还是反转，计数器每次反映的都是相对于上次角度的增量，故称增量式编码器，这种策略方法也称增量法。

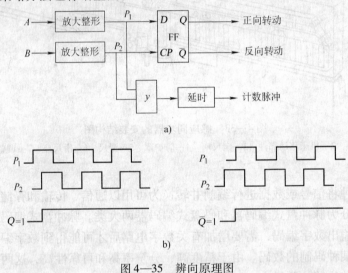

图4—35　辨向原理图

除了光电式增量编码器以外，还有光纤式增量传感器和霍尔效应式增量传感器等，它们都得到了广泛的应用。

2．码盘式编码器

码盘式编码器也称绝对编码器，它将角度转换为数字编码，能方便地与数字系统（如微机）连接。码盘式编码器按其结构可分为接触式、光电式和电磁式三种，后两种为非接触式编码器。

（1）接触式编码器

接触式编码器由码盘和电刷组成。码盘是利用制造印制电路板的工艺，在铜箔板上制作出某种码制图形（如8421码等）的盘式印制电路板。电刷是一种活动触头结构，在外界的作用下旋转码盘时，电刷与码盘接触处就产生某种码制的某一数字编码输出。以四位二进制码盘为例，说明其工作原理。

如图4—36a所示，是一个四位8421码制的编码器的码盘示意图。涂黑处为导电区，将所有导电区连接到高电位；空白区为绝缘区，为低电位。四个电刷沿某一径向安装，四位二进制码盘上有四圈码道，每个码道有一个电刷，电刷经电阻接地。当码盘转动某一角度后，电刷就输出一个数码；码盘转动一周，电刷就输出 16 种不同的四位二进制数码。由此可知，二进制码盘所能分辨的旋转角度为：$\alpha = \dfrac{360^\circ}{2^n}$，其中 n 为码道数量。

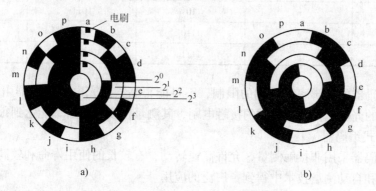

图 4—36 接触式四位二进制码盘

a）8421 码制码盘 b）四位循环码的码盘

若 $n = 4$，则 $\alpha = 22.5^\circ$。码道（位）数越多，分辨精度越高。当然分辨精度越高，对码盘和电刷的制作和安装要求越严格。所以一般取 $n < 9$。另外，对于 8421 码制的码盘，在正、反向旋转时，由于电刷安装不精确会引起机械偏差。

采用 8421 码制的码盘虽然比较简单，但是对码盘的制作和安装要求非常严格，否则会产生错码。当电刷由二进制码 0111 过渡到 1000 时，本来是 7 变 8，但是，如果电刷进入导电区的先后顺序不一致，就可能会出现 8～15 之间的任意十进制数，这样就产生了非单值。若使用循环码制，就可以避免此类问题。循环码制如图 4—36b 所示，编码见表 4—2。循环码的特点是：相邻两个数码间只有一位变化，即使制造或安装不精确，产生的误差最多也只是最低位，在一定程度上可消除非单值误差。因此，采用循环码盘比 8421 码盘的精度更高。

表 4—2　　　　　　　　　　循环码电刷在不同位置时对应的数码

角度	电刷位置	二进制码 B	循环码 R	十进制数
0α	a	0000	0000	0
1α	b	0001	0001	1
2α	c	0010	0011	2
3α	d	0011	0010	3
4α	e	0100	0110	4
5α	f	0101	0111	5
6α	g	0110	0101	6
7α	h	0111	0100	7
8α	i	1000	1100	8
9α	j	1001	1101	9
10α	k	1010	1111	10
11α	l	1011	1110	11

续表

角度	电刷位置	二进制码 B	循环码 R	十进制数
12α	m	1100	1010	12
13α	n	1101	1011	13
14α	o	1110	1001	14
15α	p	1111	1000	15

接触式编码器的分辨率受电刷的限制，不可能很高，而光电式编码器由于使用了体积小、易于集成的光电元件代替机械的接触电刷，其测量精度和分辨率能达到很高的水平。

（2）光电式编码器

光电式编码器采用非接触测量，允许高速转动，有较长的使用寿命和较高的可靠性，所以在自动控制和自动测量技术中得到了广泛的应用。

光电式编码盘是一种绝对编码器，即是几位编码器，其码盘上就有几位码道，编码器在转轴的任何位置都可以输出一个固定的与位置相对应的数字码。具体是采用照相腐蚀工艺，在一块圆形光学玻璃上刻有透光和不透光的码形，如图4—37所示。在几个码道上，装有相同个数的光电转换元件代替接触式编码盘的电刷，并且将接触式码盘上的高、低电位用光源代替。当光源经光学系统形成一束平行光投射在码盘上时，转动码盘，光经过码盘的透光区和不透光区，在码盘的另一侧就形成了光脉冲，光脉冲照射在光电元件上，就产生了与光脉冲相对应的电脉冲。码盘上的码道数就是该码盘的数码位数。由于每一个码位有一个光电元件，当码盘旋至不同位置时，各个光电元件根据受光照与否，将间断光转换成电脉冲信号。

光电编码器的精度和分辨率取决于光码盘的精度和分辨率，即取决于刻线数，其精度远高于接触式码盘。与接触式码盘一样，光电编码器通常采用循环码作为最佳码形，这样可以解决非单值误差的问题。

为了提高测量的精度和分辨率，常规的方法就是增加码盘的码道数和增加刻线数，但是由于制作工艺的限制，当刻度增加到一定数量后，工艺就难以实现，所以只能采取其他方法来提高精度和分辨率。最常用的方法是利用光学分解技术。

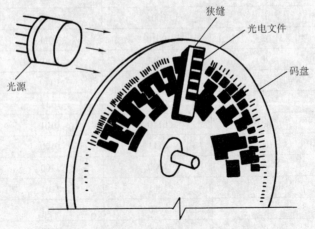

图4—37 光电式编码器结构示意图

（3）电磁式编码器

光电式编码器对潮湿气体和污染敏感，可靠性差，而电磁式编码器不易受尘埃和结露影响，同时其结构简单紧凑，可高速运转，响应速度快，体积比光电式编码器小，而且成本低，比用光学元件和半导体磁敏元件更容易构成新功能器件和多功能器件。在未来的运动控制系统中，电磁式编码器的用量将逐渐增加。

3. 编码器应用举例

光电编码器控制的剪切机如图4—38所示，在进给辊轮上装有光电式旋转编码器，当传送带转动送料时，进给辊轮旋转，同时光电编码器开始检测辊轮旋转的角度，当检测到设定角度时，板料则进给到一定的长度，此时控制器输出切断指令，经传动和执行机构使切刀向下运动切断板料，此过程可一直重复运动。

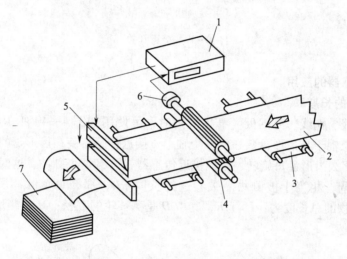

图4—38　剪切机控制原理示意图
1—控制器　2—加工板料　3—传送带　4—进给辊轮　5—切刀
6—光电旋转编码器　7—成品

第三节　接近传感器

一、接近传感器的基本知识

接近传感器是一种具有感知物体接近程度的器件。它利用传感器对所接近物体的敏感特性，达到识别物体的接近状态并输出开关量信号，因此通常将接近传感器称为接近开关。在使用的时候，把它作为非接触式的自动开关来使用。

接近传感器可分为电容式、涡流式、霍尔式、光电式等，在实际应用中，为了提高识别的可靠性，有时几种接近开关复合使用。接近开关输出电路均有较大的带负载能力，所以可以用它去控制并带动执行机构工作。由于不需要其他控制电路和装置，因而用它构成的控制装置简单、可靠、且成本低。

接近开关如图4—39所示。

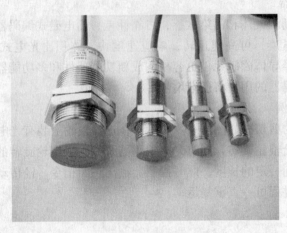

图4—39　接近开关

二、接近传感器的应用

1. 测量产品的长度

在生产漆包线、铜线、薄钢板（窄且长）时，可使用如图4—40所示的方法进行产品长度的测量。测长辊子与齿形盘装在同一个轴上，接近传感器装在齿形盘的侧旁。如果齿形盘的齿数为 N，那么齿形盘每旋转一周，接近传感器就输出 N 个脉冲，这时与齿形盘同轴的测长辊子也转一周，相当于被测物品被卷过的长度 πD，那么每个脉冲所对应的长度为：$\pi D/N = K$，被测物的总长度为：$L = MK$，其中 D 是测长轮的直径；M 是测量脉冲的总和；K 是单个脉冲的长度。

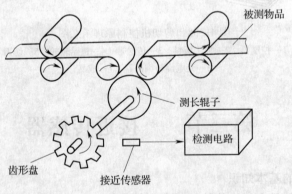

图4—40　产品测长工作原理图

2. 机械手限位

在自动生产线中使用着各种各样的机械手，它们不停地从事搬运工件的工作。为保证机械手抓取及放置工件位置的准确性，往往采用接近传感器对它们的运动定位。图4—41所示为机械手左右运动限位的控制示意图。接近传感器分别设置在机械手臂需要限位的位置，当机械手臂左右靠近传感器时，传感器感知到机械手臂的接近，并在达到规定的检测距离时输出控制信号，经执行机构使机械手停止运行或反向退回。

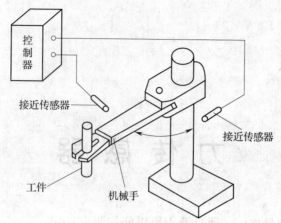

图4—41 机械手运动限位示意图

3. 生产工件加工定位

在机械加工自动生产线上，也可以使用接近传感器进行零部件的加工定位，如图4—42所示。当传送机构将加工零件运送到靠近传感器的位置时，传感器根据规定的检测距离发出控制信号，使传送机构停止运行，此时加工刀具对零部件进行机械加工。

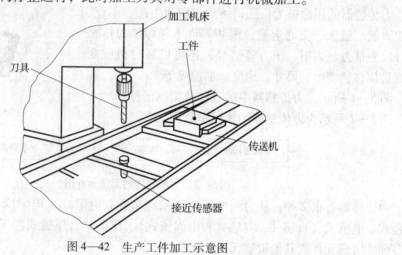

图4—42 生产工件加工示意图

本章小结

在实际生产生活中，位置及位移的检测一直是传感器应用最普遍的场合。本章主要介绍了传感器在位置及位移方面的应用。本章知识要点如下：

1. 电位器式传感器，有接触式和非接触式两类。接触式的电位器式传感器的优点是精度高、价格便宜，缺点是寿命短；非接触式的优点是寿命长，缺点是测量精度不高。

2. 电容式位移传感器是利用电容平板之间距离与电容量成反比的原理测量距离，其优点是用电容测量位移响应时间快，电路简单，精度高。

3. 数字式位置及位移传感器是一种能把被测模拟量直接转换成数字量的输出装置。常用的有光栅传感器、磁栅传感器、感应同步器等。

第五章

力 传 感 器

力是最基本的物理量之一，通过测力可以间接测出荷重、加速度、气压等物理量，因此测量各种动态、静态力的大小是十分重要的。力的测量需要通过力传感器间接完成，力传感器就是将各种力学量转换成电信号的器件。

力传感器的用途极为广泛，例如工农业生产、矿业、医院、航空航天、交通运输、国防等许多领域。力传感器可以测量力、力矩、压力等信号，还可以通过机械变形测量位移、变形、尺寸、速度、加速度等。

图 5—1 所示为力传感器中的一种典型电子秤。

图 5—2 所示为力传感器的测量示意图。

图 5—1　电子秤

图 5—2　力敏元件的测量示意图

力传感器有很多种，从力到电的变换原理来看有电阻式（电阻应变片式和电位器式）、电容式、电感式（自感式、互感式和电涡流式）、压电式、压磁式和压阻式等，其中大多数需要弹性敏感元件或其他敏感元件的转换。

第一节　　弹性敏感元件

无论哪种工作原理的传感器，大多需要通过弹性敏感元件把力或压力转换成应变或位移，然后再由传感器将应变或位移转换成电信号。弹性敏感元件是一个非常重要的传感器器件，应具有良好的弹性、足够的精度，应保证长期使用和温度变化的稳定性。

一、弹性敏感元件的结构特性

1. 刚度

刚度是弹性元件在外力作用下变形大小的量度，一般用 k 表示。

2. 灵敏度

灵敏度是指弹性元件在单位力作用下产生变形的大小，在弹性力学中称为弹性元件的柔度，它是刚度的倒数。用 K 表示。在系统中希望它是常数。

3. 弹性滞后

实际的弹性元件在加/卸载的正反行程中变形曲线是不重合的，这种现象称为弹性滞后现象，它会给测量带来误差。产生弹性滞后的原因是：弹性敏感元件在工作过程中分子间存在内摩擦。

4. 弹性后效

当载荷从某一数值变化到另一数值时，弹性元件不是立即完成相应的变形，而是经过一定的时间间隔逐渐完成变形的，这种现象称为弹性后效。由于弹性后效的存在，弹性敏感元件的变形始终不能迅速地跟上力的变化，在动态测量时将引起测量误差。

5. 固有振荡频率

弹性敏感元件都有自己的固有振荡频率 f_0，它将影响传感器的动态特性。传感器的工作频率应避开弹性敏感元件的固有振荡频率，往往希望 f_0 较高。

二、弹性敏感元件的分类

弹性敏感元件在形式上可分为两大类，一类将物体间的一般相互作用力转换为应变或位移，另一类则专门用于流体压力的转换。

1. 变换一般作用力的弹性敏感元件

这类弹性敏感元件大都采用等截面圆柱式、圆环式、等截面薄板、悬臂梁及轴状等结构。图5—3 所示为常见的几种变换力的弹性敏感元件结构。

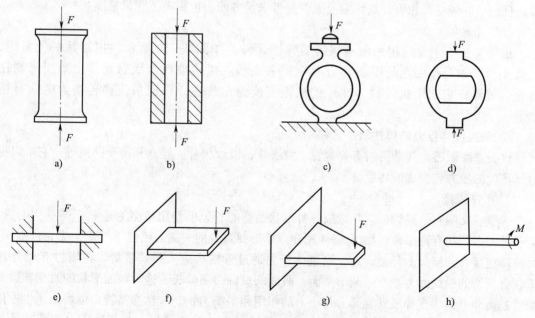

图5—3　变换力的弹性敏感元件形状

a) 实心圆柱　b) 空心圆柱　c) 等截面圆环　d) 等截面圆环

e) 等截面薄板　f) 等截面悬臂梁　g) 等强度悬臂梁　h) 扭转轴

（1）等截面圆柱式弹性敏感元件

根据截面形状可分为实心圆截面形状及空心圆截面形状等，如图5—3a、b所示。它们结构简单，可承受较大的载荷，便于加工。实心圆柱形弹性敏感元件可测量大于10 kN 的力，而空心圆柱形弹性敏感元件只能测量1~10 kN 的力。

（2）圆环式弹性敏感元件

它比圆柱式输出的位移大，因而具有较高的灵敏度，适用于测量较小的力。但它的工艺性较差，加工时不易得到较高的精度。由于圆环式弹性敏感元件各变形部位应力不均匀，采用应变片测力时，应将应变片放在其应变最大的位置上。圆环式弹性敏感元件的形状如图5—3c、d所示。

（3）等截面薄板式弹性敏感元件

等截面薄板式弹性敏感元件如图5—3e所示。由于它的厚度比较小，故又称它为膜片。当膜片边缘固定，膜片的一面受力时，膜片产生弯曲变形，因而产生径向和切向应变。在应变处贴上应变片，就可以测出应变量，从而可测得作用力 F 的大小。也可以利用它变形产生的挠度组成电容式或电感式或压力传感器。

（4）悬梁臂式弹性敏感元件

悬梁臂式弹性敏感元件如图5—3f、g所示，它一端固定，一端自由，结构简单，加工方便，应变和位移较大，适用于测量1~5 kN 的力。

图5—3f所示为等截面悬梁臂式弹性敏感元件，其上表面受拉伸，下表面受压缩。由于其表面各部位的应变不同，所以应变片要贴在合适的部位，否则将影响测量的精度。

图5—3g所示为变截面等强度悬臂梁，它的厚度相同，但横截面不相等。因而沿梁长度方向任一点的应变都相等，这给贴放应变片带来了方便，也提高了测量精度。

（5）扭转轴

扭转轴是一个专门用来测量扭矩的弹性元件，如图5—3h所示。扭矩是一种力矩，其大小用转轴与作用点的距离和力的乘积来表示。扭转轴弹性敏感元件主要用来制作扭矩传感器，它利用扭转轴弹性体把扭矩变换为角位移，再把角位移转换为电信号输出。

2. 变换流体压力的弹性敏感元件

这类弹性敏感元件常见的有弹簧管、波纹管、波纹膜片、膜盒和薄壁圆筒等。它可以把流体产生的压力变换成位移量输出。

（1）弹簧管

弹簧管又叫布尔登管，它是弯成各种形状的空心管，但使用最多的是C形薄壁空心管，管子的截面形状有许多种，如图5—4所示。C形弹簧管的一端封闭但不固定，成为自由端，另一端连接在管接头上且被固定，当流体压力通过管接头进入弹簧管后，在压力 F 的作用下，弹簧管的横截面力图变成圆形截面，截面的短轴力图伸长。这种截面形状的改变导致弹簧管趋向伸直，一直伸展到管弹力与压力的作用相平衡为止。这样弹簧管自由端便产生了位移。弹簧管的灵敏度取决于管的几何尺寸和管子材料的弹性模量。与其他压力弹性元件相比，弹簧管的灵敏度要低一些，因此常用作测量较大的压力。C形弹簧管往往和其他弹性元件组成压力弹性敏感元件一起使用。

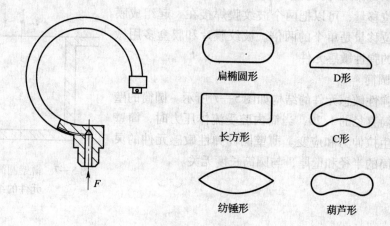

图5—4 弹簧管结构

使用弹簧管注意以下两点：①静止压力测量时，不得高于最高标称压力的2/3；变动压力测量时，要低于最高标称压力的1/2；②对于腐蚀性流体等特殊测量对象，要了解弹簧管使用的材料能否满足使用要求。

（2）波纹管

波纹管是由许多同心圆环状皱纹的薄壁圆管构成，如图5—5所示。波纹管的轴向在流体压力作用下极易变形，有较高的灵敏度。在形变允许范围内，管内压力与波纹管的伸缩力成正比。利用这一特性，可以将压力转换成位移量。波纹管主要用做测量和控制压力的弹性敏感元件，由于其灵敏度高，在小压力和压差测量中使用较多。

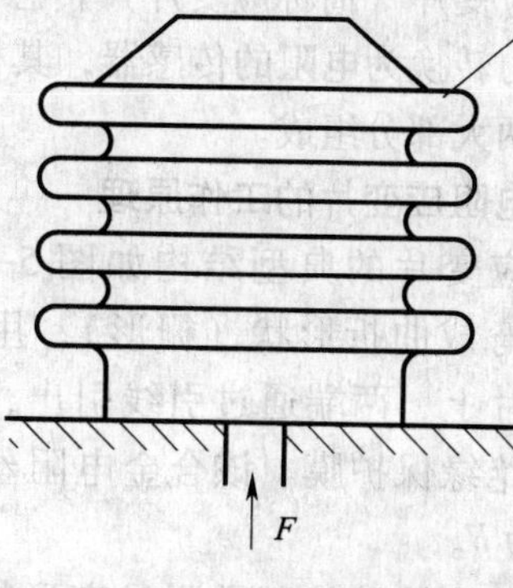

图5—5 波纹管的外形

（3）波纹膜片和膜盒

平膜片在压力或力的作用下位移量小，因而常把平膜片加工制成具有环形同心波纹的圆形薄膜，这就是波纹膜片。其波纹形状有正弦形、梯形和锯齿形，如图5—6所示。膜片厚度为 0.05~0.3 mm，波纹高度在 0.7~1 mm。

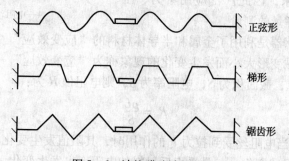

图5—6 波纹膜片波纹形状

波纹膜片中心部分留有一个平面，可焊上一块金属片，便于同其他部件连接。当膜片两面受到不同的压力作用时，膜片将弯向压力低的一面，其中心部分产生位移。

为了增加位移量，可以把两个波纹膜焊接在一起组成膜盒，它的挠度位移量是单个的两倍。波纹膜片和膜盒多用做动态压力测量的弹性敏感元件。

（4）薄壁圆筒

薄壁圆筒弹性敏感元件的结构如图5—7所示。圆筒的壁厚一般小于圆筒直径的1/20，当筒内腔受流体压力时，筒壁的轴线方向产生拉伸力和应变。薄壁圆筒弹性敏感元件的灵敏度取决于圆筒的半径和壁厚，与圆筒长度无关。

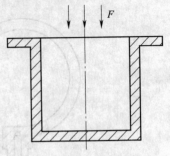

图5—7　薄壁圆筒弹性敏感
元件的结构

第二节　　电阻应变片式力传感器

电阻应变片（简称应变片）传感器的作用是利用电阻应变片（或弹性敏感元件）将应变或应变力转换为电阻的传感器，其核心是电阻应变片。电阻应变片传感器由电阻应变片和测量电路两大部分组成。

一、电阻应变片的工作原理

电阻应变片的典型结构如图5—8所示，合金电阻丝弯成曲折形状（栅形），用黏结剂粘贴在绝缘基片上，两端通过引线引出，丝栅上面再粘贴一层绝缘保护膜。该合金电阻丝栅应变片长为 l，宽为 b。

把应变片粘贴于所需测量变形物体表面，敏感栅随被测体表面变形而使电阻值改变，测量电阻的变化量可得知变形大小。由于应变片具有体积小、使用简便、测量灵敏度高，可进行动、静态测量，精度符合要求，因此广泛应用于力、压力、力矩、位移等物理量的测量。

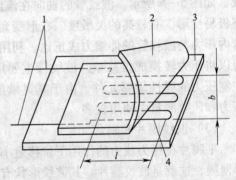

图5—8　金属电阻应变片结构
1—引线　2—覆盖层　3—基片
4—电阻丝式敏感栅

电阻应变片式传感器是利用了金属和半导体材料的"应变效应"。金属和半导体材料的电阻值随它承受的机械变形大小而发生变化的现象称为"应变效应"。

设电阻丝长度为 L，截面积为 S，电阻率为 ρ，则电阻值 R 为：

$$R = \frac{\rho L}{S} \tag{5—1}$$

如图5—9所示，当电阻丝受到拉力 F 的作用时，其阻值发生变化。材料电阻值的变化，一是受力后材料几何尺寸变化；二是受力后材料的电阻率也发生变化。大量实验表明，在电阻丝拉伸极限内，电阻的相对变化与应变成正比，而应变与应力也成正比，这就是利用应变片测量应力的基本原理。

二、应变片的结构类型、形式

1. 应变片的结构类型

常用的电阻应变片有两大类，即金属电阻应变片和半导体应变片。前者可分为金属丝式、箔式和薄膜式三种。图5—10所示为几种不同类型的电阻应变片示意图。

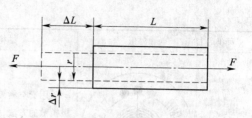

图5—9　金属电阻丝应变效应

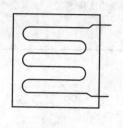

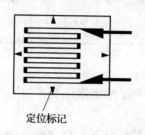

定位标记

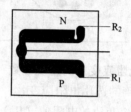

图5—10　电阻应变片示意图

各种金属电阻应变片的特点及适用环境见表5—1。

表5—1　　　　　　　　　各种金属电阻应变片的特点及适用环境

种类	外形	结构	特点	适用环境
丝式	KML–6–A9	将金属丝按一定形状弯曲后用黏合剂贴在衬底上，再用覆盖层保护，形成应变片	丝式应变片结构简单，价格低，强度高，电阻阻值小，一般为 120～360 Ω，允许通过的电流较小，测量精度较低	适用于测量要求不高的场合
箔式	MR ▲ R22	将厚度在 0.003～0.01 mm 的箔材通过光刻、腐蚀等工艺制成敏感栅，形成应变片	箔式应变片与丝式应变片相比其面积大，散热性好，允许通过较大的电流。而且由于它的厚度薄，因此具有较好的可绕性，其灵敏度系数较高	箔式应变片可以根据需要制成任意形状，适合批量生产

续表

种类	外形	结构	特点	适用环境
薄膜式	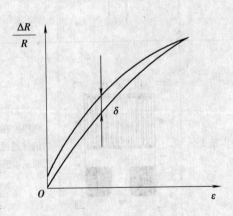	采用真空蒸镀或溅射式阴极扩散的方法，在薄的绝缘基底材料上制成一层金属薄膜，通过光刻、腐蚀等工艺，形成应变片	薄膜式应变片有较高的灵敏度系数，电阻阻值较大，一般为 $1 \sim 1.8$ kΩ，允许通过的电流较大，工作温度范围较广，测量精度高	薄膜式应变片的电阻丝长度可以较长，应变电阻较大，适合批量生产

2. 电阻应变片的主要参数

要正确的选用电阻应变片，必须了解电阻应变片的工作特性及一些主要参数。

（1）应变片的电阻值（R_0）

这是应变片在未安装和不受力的情况下，在室温条件下测定的电阻值，也称原始阻值，单位以 Ω 表示。应变片的电阻值已进行标准化，有 60 Ω、120 Ω、350 Ω、600 Ω 和 1 000 Ω 等几种阻值，其中 120 Ω 为最常使用阻值。电阻值大，可以加大应变片承受的电压，从而可以提高输出信号，但敏感栅尺寸也随之要增大。

（2）绝缘电阻值（R）

这是敏感栅与基底之间的电阻值，一般应大于 10^{10} Ω。

（3）灵敏度系数（K）

当应变片安装于试件表面时，在其轴线方向的单向应力作用下，应变片的阻值相对变化与试件表面上安装应变片区域的轴向应变之比称为灵敏度系数。K 值的准确性直接影响测量精度，其误差大小是衡量应变片质量优劣的主要标志。要求 K 值尽量大而稳定。当金属丝材做成电阻应变片后，电阻应变特性与金属单丝时是不同的，因此，必须重新通过实验来测定它。

（4）机械滞后

机械滞后是指应变片在一定温度下受到增（加载）、减（卸载）循环机械应变时，同一应变量下应变指示值的最大差值。如图 5—11 所示。

机械滞后的产生主要是敏感栅基底和黏合剂在承受机械应变之后留下的残余变形所致。机械滞后的大小与应变片所承受的应变量有关，加载时的机械应变量大，卸载过程中是新的应变量，第一次承受应变载荷时常常发生较大的机械滞后，经历几次加、卸载循环后，机械滞后便明显减少。通常，在正式使用前都预先加、卸载若干次，以减少机械滞后对测量数据的影响。

图 5—11　机械滞后

（5）允许电流

允许电流是指应变片不因电流产生的热量而影响测量精度所允许通过的最大电流。它与应变片本身、试件、黏合剂和环境等有关，要根据应变片的阻值和具体电路来计算。为了保证测量精度，在静态测量时，一般允许电流为 25 mA，在动态测量时，可达 75～100 mA，箔式应变片的允许电流较大。

（6）应变极限

应变片的应变极限是在一定温度下，指示应变值与真实应变值的相对差值不超过规定值（一般为 10%）时的最大真实应变值。简单来说，当指示值大于真实应变 10% 时的真实值即为应变片的应变极限。

（7）零漂和蠕变

零漂是指在外界的干扰下，输出量发生与输入量无关的不需要的变化。零漂可分为时间零漂和温度零漂。时间零漂是指在规定的条件下，零点随时间的缓慢变化；温度零漂是指环境温度变化所引起的零点变化。

如果在一定温度下能够使应变片承受一恒定的机械应变，这时指示应变随时间变化的特性称为该应变片的蠕变。

这两项指标都是用来衡量应变片特性对时间的稳定性的，应变片在制造过程中产生的内应力、丝材、黏合剂和基片的变化是造成应变片零漂和蠕变的因素。

3. 应变片的粘贴工艺

应变片是通过黏合剂粘贴在试件上，粘贴质量直接影响应变测量的精度，必须十分注意。应变片的粘贴工艺如下：

（1）应变片的检查与选择

首先要对采用的应变片进行外观检查，观察应变片的敏感栅是否整齐、均匀，是否有锈斑及短路和折弯等现象；其次要对选用的应变片的阻值进行测量，阻值选取合适将对传感器的平衡调整带来方便。

（2）试件的表面处理

为了获得良好的黏合强度，必须对试件表面进行处理，清除试件表面杂质、油污及疏松层等。一般的处理办法可采用砂纸打磨，较好的处理方法是采用无油喷砂法，这样不但能得到比抛光更大的面积，而且还可以获得质量均匀的结构。为了表面的清洁，可用化学清洗剂（如氯化碳、丙酮、甲苯等）进行反复清洗，也可采用超声波清洗。值得注意的是，为了避免氧化，应变片的粘贴应尽快进行。如果不立刻贴片，可涂上一层凡士林暂作保护。

（3）底层处理

为了保证应变片能牢固地贴在试件上，并具有足够的绝缘电阻，改善胶接性能，可在粘贴位置涂上一层底胶。

（4）贴片

在应变片上标出敏感栅的纵、横向中心线，在试件上按照测量要求画出中心线。要求精密时可用光学投影的方法来确定位置。确定好位置后，将应变片对准划线位置迅速贴上，然后盖一层玻璃纸，用手指或胶辊加压，挤出气泡及多余的胶水，保证胶层尽可能薄且均匀，加压时注意防止应变片错位。

（5）固化

黏合剂的固化是否完全，直接影响到胶的物理学性能。关键是要掌握好温度、时间和循环周期。无论是自然干燥还是加热固化，都要严格按照工业规范进行。为了防止强度降低、绝缘破坏及电化腐蚀，在固化后的应变片应涂上防潮保护层，防潮层一般可采用稀释的黏合胶。

（6）粘贴质量检查

首先从外观上检查粘贴位置是否正确，黏合层是否有气泡、漏黏、破损等现象；然后测量应变片敏感栅是否有断路或短路现象，以及测量敏感栅的绝缘电阻。

（7）引线焊接与组桥连线

检查合格后即可焊接引出导线，引线应适当加以固定。应变片之间通过粗细合适的漆包线连接组成桥路。连接长度应尽量一致，且不宜过多。

三、测量转换电路及应用

1. 电阻应变片式传感器的测量电路

电阻应变式传感器应变电阻的变化极其微弱，电阻相对变化率仅为 0.2% 左右。要精确测量如此微小的电阻变化非常困难，一般的电阻测量仪表则无法满足要求。通常采用惠斯通电桥电路进行测量，将电阻相对变化 $\Delta R/R$ 转换为电压或电流的变化，再用测量仪表或电阻应变式传感器专用测量电路便可以简单方便地进行测量。

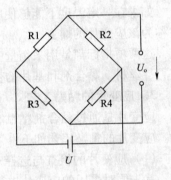

图 5—12 惠斯通电桥电路

惠斯通电桥如图 5—12 所示，R1、R2、R3、R4 为四个桥臂的电阻，电桥的供电电压为 U，电桥的输出电压为 U_o。

在被测物体未施加作用力时，应变为零，应变电阻没有变化，四个桥臂的初始电阻满足 $R_1/R_2 = R_3/R_4$ 时，桥路输出电压 U_o 为零，即桥路平衡。如果电桥电压 U 保持不变，电桥的输出电压 U_o 可以用下式近似表示：

$$U_o = \frac{R_1 R_2}{(R_1 + R_2)^2}\left(\frac{\Delta R_1}{R_1} - \frac{\Delta R_2}{R_2} - \frac{\Delta R_3}{R_3} + \frac{\Delta R_4}{R_4}\right)U \tag{5—2}$$

如果四个桥臂的初始电阻满足 $R_1 = R_2 = R_3 = R_4$，则式（5—2）可转化为：

$$U_o \approx \frac{U}{4}\left(\frac{\Delta R_1}{R_1} - \frac{\Delta R_2}{R_2} - \frac{\Delta R_3}{R_3} + \frac{\Delta R_4}{R_4}\right) \tag{5—3}$$

即：

$$U_o \approx \frac{U}{4}K(\varepsilon_1 - \varepsilon_2 - \varepsilon_3 + \varepsilon_4) \tag{5—4}$$

式中 ε——应变；

$\quad\quad\quad K$——比例常数（应变常数），不同的金属材料有不同的比例常数 K。

在测量电路中，应变片接入电桥可以有以下几种形式：

（1）单臂半桥电路

如图 5—13 所示，$R1$ 为应变片，其余各桥臂电阻为固定电阻，称为单臂半桥电桥电路。其输出有：

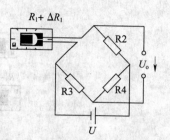

$$U_o \approx \frac{U \Delta R_1}{4 R_1} = \frac{U}{4} K \varepsilon \qquad (5—5)$$

式（5—5）中，除了 ε 外均为已知量，如果测出电桥的输出电压，就可以计算出应变的大小，进而推出力的大小：

$$\sigma = E \varepsilon \qquad (5—6)$$

式中　σ——应力；

图 5—13　单臂半桥电桥电路

　　　E——弹性系数或杨氏模量，不同的材料有固定的杨氏模量。

（2）双臂半桥电桥电路

如图 5—14 所示，在电桥中接入了两片应变片，其余桥臂为固定电阻，称为双臂半桥电桥电路。这种电路可以有两种接入方式。

当接入方式如图 5—14a 所示时，其输出有：

$$U_o \approx \frac{U}{4} \left(\frac{\Delta R_1}{R_1} - \frac{\Delta R_2}{R_2} \right) = \frac{U}{4} K (\varepsilon_1 - \varepsilon_2) \qquad (5—7)$$

当接入方式如图 5—14b 所示时，其输出有：

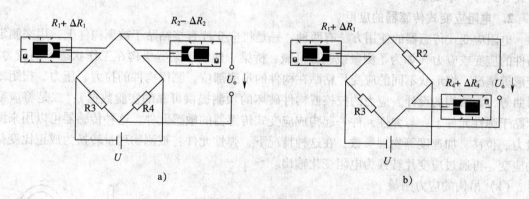

图 5—14　双臂半桥电桥电路
a）接入方式 1　b）接入方式 2

$$U_o \approx \frac{U}{4} \left(\frac{\Delta R_1}{R_1} + \frac{\Delta R_4}{R_4} \right) = \frac{U}{4} K (\varepsilon_1 + \varepsilon_4) \qquad (5—8)$$

也就是说当接入两片应变片时，根据连入方式的不同，两片应变片上产生的应变或加或减。

（3）全桥电路

电桥的四壁全部接入应变片称为全桥电路。若四片应变片完全相同，如图 5—15 所示，其中 $R1$、$R4$ 感应正应变；$R2$、$R3$ 感应负应变。其输出为：

$$U_o \approx U \frac{\Delta R}{R} = U K \varepsilon \qquad (5—9)$$

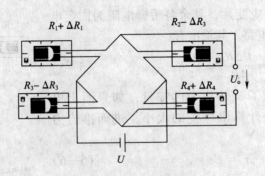

图 5—15　全桥电桥电路

这种情况下，应变所产生的输出电压是单臂电桥应变片所产生电压的 4 倍，灵敏度最高。此时应变片的温度误差和非线性误差相互抵消，测量精度较高。

 提示

将应变片接成全桥电路时，要特别注意：相邻桥臂的应变片所感受的应变必须相反，否则式（5—9）不成立。

2. 电阻应变式传感器的应用

电阻应变式传感器的使用方法有两种：一是将应变片直接粘贴于被测构件上，用来测定构件的应变或应力（如为了测量或验证机械、桥梁、建筑等某些机构在工作状态下的应力、变形等情况，将形状不同的应变片粘贴在构件的预测部位，测得构件的拉力、压力、扭矩或弯曲等，为结构的设计、应力的校核或构件破坏的预测提供可靠的实验数据）；二是将应变片贴于弹性元件上，与弹性元件一起构成应变式传感器的敏感元件，这种传感器可以用来测量力、位移、加速度等物理参数，在这种情况下，弹性元件将被测物理量转换为成正比变化的应变，再通过应变片转换为电阻变化输出。

（1）吊钩的应力测量

为了测量、控制起重设备吊运货物的质量，通常采用在吊钩的圆柱壁上粘贴应变片的方法，检测起吊质量，如图 5—16 所示。

为了增加灵敏度，一般在吊钩的圆柱壁上横竖各粘贴一片应变片，组成双臂半桥电桥电路（见图 5—14a），为电桥回路提供 2 V 稳压电源，电桥输出信号接入差动直流放大电路（见图 5—17），测得输出电压，根据输出电压值可以推算出应力的大小，即重力。也可以使用应变片专用测量仪——电阻应变仪进行检测。这种测量方法简单、方便、成本低，但受环境影响大，长期使用时，零点漂移大，需要在使用前调节零点。

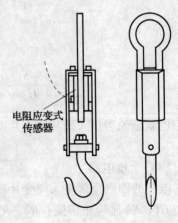

图 5—16　吊钩的应力测量

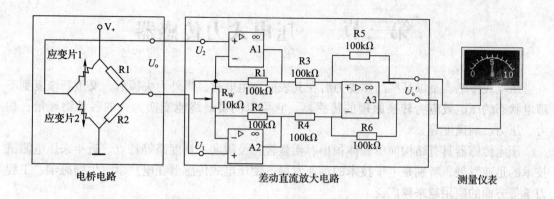

图 5—17　应变式传感器典型测量电路

（2）电子秤

电子秤主要由称重传感器，如图 5—18 所示由应变片和应变梁及引线，放大电路、A/D转换电路、显示或控制电路组成。其工作原理如图 5—19 所示，称重传感器感受被测物体的重力，输出一个微小信号，经过放大电路，成为易于处理的电信号，再通过 A/D 转换电路将模拟信号转换成数字信号，以用于显示或控制。有的电子秤还运用了单片机，增加了智能控制、自动补偿等功能，扩大了产品的应用范围，提高了产品的精度。

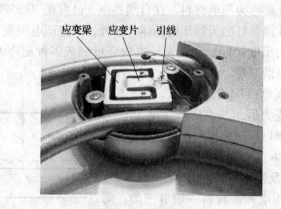

图 5—18　电子秤

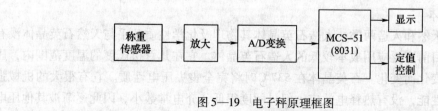

图 5—19　电子秤原理框图

第三节 压电式力传感器

压电式传感器是以某些晶体受力后在其表面产生电荷，当外力去掉后，又重新恢复到不带电状态的压电效应为转换原理的传感器。它可以测量最终能变换为力的各种物理量，如力、压力、加速度等。

压电传感器具有结构简单、体积小、质量轻、灵敏度和精度高等特点。近年来压电测试技术的迅速发展，特别是电子技术的迅速发展，使压电式传感器在电声学、生物医学、工程力学等方面的应用越来越广泛。

一、压电式传感器工作原理

1. 压电效应

（1）正压电效应

某些电介质在沿一定方向上受到外力作用而变形时，内部会产生极化现象，同时在其表面上产生电荷，当外力去掉后，又重新回到不带电的状态，这种现象称为正压电效应。

（2）逆压电效应

在电介质的极化方向上施加交变电场或电压，它会产生机械变形，当去掉外加电场时，电介质变形随之消失，这种现象称为逆压电效应（电致伸缩效应）。故压电效应是可逆的。压电式传感器是一种典型的"双向传感器"。

具有压电效应的电介质称为压电材料。在自然界中，已发现20多种单晶具有压电效应，石英（SiO_2）就是一种性能良好的天然压电晶体。此外，人造压电陶瓷，如钛酸钡、锆钛酸铅等多晶体也具有良好的压电功能。利用逆压电效应可制成多种超声波发生器和压电扬声器，如电子手表就是压电谐振器。

如图5—20所示是压电效应的示意图，在晶体的弹性限度内，压电材料受力后，其表面产生电荷 Q 与所施加的力 F 成正比。即 $Q = dF$ 式中，d——压电常数，单位：C/N（库仑/牛）。

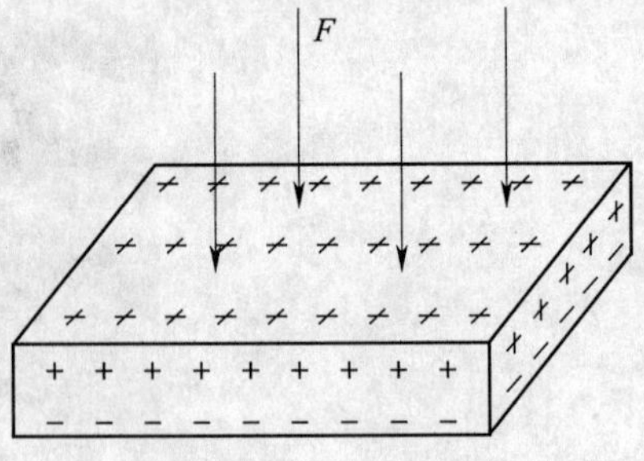

2. 压电材料的分类及特性

压电式传感器中的压电元件材料一般有三类：第一类是压电晶体（单晶体）；第二类是经过极化处理的压电陶瓷（多晶体）；第三类是高分子压电材料。

图5—20 压电效应示意图

（1）石英晶体

石英晶体有天然和人造两类。人造石英晶体其物理及化学性质几乎与天然石英晶体没有多大区别，因此目前广泛应用成本较低的人造石英晶体。它在几百摄氏度的温度范围内，压电系数不随温度变化而变化。石英晶体在537℃时将完全丧失压电性质。它有很大的机械强度和稳定的机械性能，没有热释电效应，但灵敏度很低，介电常数小，因此逐渐被其他压电材料所代替。

（2）水溶性压电晶体

这类压电晶体有酒石酸钾钠（$NaKC_4H_4O_6 \cdot 4H_2O$）、硫酸锂（$Li_2SO_4 \cdot H_2O$）等。水溶性压电晶体具有较高的压电灵敏度和介电常数，但易于受潮，机械强度也较低，只适用于室温和湿度低的环境。

（3）铌酸锂晶体

铌酸锂晶体是一种透明单晶，熔点为 1 250℃，它具有良好的压电性能和时间稳定性，在耐高温传感器上有广泛的用途。

（4）压电陶瓷

压电陶瓷是一种最普遍的压电材料，其具有烧制方便、耐湿、耐高温、易于成形等特点。

1）钛酸钡压电陶瓷。具有较高的压电系数和介电常数。机械强度不如石英。

2）锆钛酸铅系压电陶瓷。锆钛酸铅系压电陶瓷具有较高的压电系数。

3）铌酸盐系压电陶瓷。铌酸盐具有较低的介电常数。常用于水声传感器中。

（5）压电半导体

有些晶体既具有半导体特性又同时具有压电性能，因此既可利用它的压电特性研制传感器，又可利用半导体特性用微电子技术制成电子器件，两者结合起来，就出现了集转换元件和电子线路为一体的新型传感器。

（6）高分子压电材料

某些合成高分子聚合物薄膜经延伸拉伸和电场极化后，具有一定的压电性能，这类薄膜称为高分子压电薄膜。目前出现的压电薄膜有聚二氟乙烯、聚氟乙烯、聚氯乙烯等。这是一种柔软的压电材料，不易破碎，可以大量生产和制成较大的面积。

如果将压电陶瓷粉末加入高分子化合物中，可以制成高分子—压电陶瓷薄膜，它既保持了高分子压电薄膜的柔软性，又具有较高的压电系数。

3. 压电元件常用的结构形式

在压电传感器中，常用两片或多片组合在一起使用。由于压电材料是有极性的，因此接法也有两种，如图 5—21 所示。图 5—21a 所示为并联法，图 5—21b 所示为串联法。

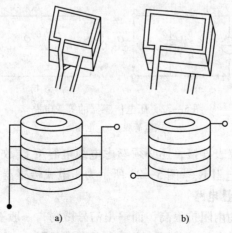

a)   b)

图 5—21 压电元件的接法

a）并联法 b）串联法

在以上两种连接方式中，并联法输出电荷大，本身电容大，因此时间常数也大，适用于测量缓变信号，并以电荷量作为输出的场合。串联法输出电压高，本身电容小，适用于以电压作为输出量以及测量电路输入阻抗很高的场合。

压电元件在压电式传感器中，必须有一定的预应力，这样才能保证在作用力变化时，压电片始终受到压力，同时也保证了压电片的输出与作用力的线性关系。

4. 压电材料的选择

（1）具有较大的压电常数。

（2）压电元件的机械强度高、刚度大，且具有较高的固有振动频率。

（3）具有高的电阻率和较大的介电常数，以期减少电荷的泄漏以及外部分布电容的影响，获得良好的低频特性。

（4）具有较高的居里点。所谓居里点是指压电性能破坏时的温度转变点。居里点高可以得到较宽的工作温度范围。

（5）压电材料的压电特性不随时间蜕变，有较好的时间稳定性。

二、压电式传感器测量电路

1. 压电式传感器的等效电路

压电式传感器在受外力作用时，在两个电极表面要聚集电荷，且电荷量相等，极性相反。这时它相当于一个以压电材料为电介质的电容器，其电容量为：

$$C_a = \frac{\varepsilon_0 \varepsilon A}{h} \tag{5—10}$$

式中　ε_0——真空介电常数，F/m；

　　　ε——压电材料的相对介电常数，F/m；

　　　h——压电元件的厚度，mm；

　　　A——压电元件极板面积，mm^2。

因此，可以把压电式传感器等效成一个与电容相并联的电荷源，如图 5—22a 所示，也可以等效成一个电压源，如图 5—22b 所示。

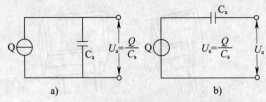

图 5—22　压电传感器的等效电路

a）电荷源　b）电压源

压电式传感器与测量仪表连接，还必须考虑电缆电容 C_c，放大器的输入电阻 R_i 和输入电容 C_i 以及传感器的泄漏电阻 R_a。图 5—23 所示为压电式传感器完整的等效电路。

2. 压电式传感器的测量电路

一方面，压电传感器的内阻抗很高，而输出信号微弱，一般不能直接显示和记录；另一方面，压电传感器要求测量电路的前级输入要有足够高的阻抗，这样才能防止电荷迅速泄漏而使测量误差减小。因此，需要用到前置放大器。压电传感器的前置放大器有两个作用：一

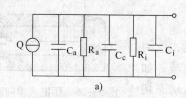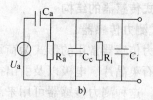

图 5—23 压电传感器实际等效电路

是把传感器的高阻抗输出转变为低阻抗输出；二是把传感器的微弱信号放大。

（1）电压放大器

压电传感器接电压放大器的等效电路如图 5—24a 所示。图 5—24b 是简化后的等效电路，其中，U_i 为放大器输入电压。

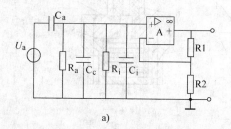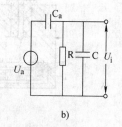

图 5—24 压电传感器接电压放大器的等效电路

a）接电压放大器的等效电路 b）简化后的等效电路

放大器的输入电压幅度与应变片所受压力有关，与被测频率无关。当改变连接传感器与前置放大器的电缆长度时，C_c 将改变，从而引起放大器的输出电压发生变化。因此在设计时，通常把电缆长度定为一常数，使用时如果要改变电缆长度，则必须重新校正电压灵敏度值。

（2）电荷放大器

电荷放大器是一种输出电压与输入电荷量成正比的前置放大器。它实际上是一个具有反馈电容的高增益运算放大器。图 5—25 所示为压电传感器与电荷放大器连接的等效电路。

由于引入了电容负反馈，电荷放大器的输出电压仅与传感器产生的电荷量及放大器的反馈电容有关，电缆电容等其他因素对灵敏度的影响可以忽略不计。

电荷放大器的灵敏度为：

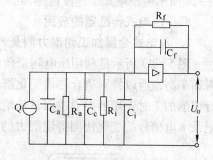

图 5—25 电荷放大器等效电路

$$K = \frac{U_o}{Q} = \frac{1}{C_f} \tag{5—11}$$

放大器的输出灵敏度取决于 C_f。在实际电路中，采用切换运算放大器负反馈电容 C_f 的办法来调节灵敏度，C_f 越小，则放大器的灵敏度越高。

为了放大器工作稳定，减小零漂，在反馈电容 C_f 两端并联一反馈电阻，形成直流负反馈，用以稳定放大器的直流工作点。

三、压电式传感器的结构

1. 压电式测力传感器

压电式测力传感器常用的形式为荷重垫圈式，它由基座、盖板、石英晶片、电极以及引出插座等组成。如图5—26所示。这种测力传感器可用来测量机床动态切削力以及测量各种机械设备所受的冲击力。

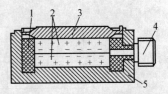

图5—26　压电式单向测力传感器

1—绝缘套　2—晶片　3—盖板

4—插座　5—底座

2. 压电式压力传感器

图5—27所示为两种膜片式压电压力传感器，它可以测量动态压力，如发动机内部的燃烧压力。

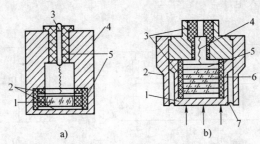

图5—27　压电式压力传感器

a）1—晶片　2—膜片　3—引出线　4—壳体　5—绝缘子

b）1—预压圆筒　2—壳体　3—绝缘子　4—引线　5—电极　6—压电片堆　7—膜片弹簧

3. 压电式加速度传感器

压电式加速度传感器是一种常用的加速度计。它的主要优点是：灵敏度高，体积小，质量轻，测量频率上限很高，动态范围大。但它易受外界干扰，在测试前需进行各种校验。图5—28所示为压电式加速度传感器。

四、压电式传感器的应用

1. 压电式金属加工切削力测量

图5—29所示是利用压电陶瓷传感器测量刀具切削力的示意图。由于压电陶瓷元件的自振频率高，所以特别适合测量变化剧烈的载荷。图中压电传感器位于车刀前部的下方，当进行切削加工时，切削力通过刀具传给压电传感器，压电传感器将切削力转换为电信号输出，记录下电信号的变化便测得切削力的变化。

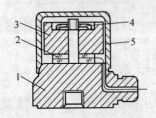

图5—28　压电式加速度传感器

1—基座　2—压电片　3—质量块

4—压簧　5—壳体

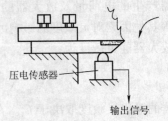

压电传感器

输出信号

图5—29　压电式刀具切削力测量示意图

2. 压电式玻璃破碎报警器

BS—D2 压电式传感器是专门用于检测玻璃破碎的一种传感器，它利用压电元件对振动敏感的特性来感知玻璃受撞击和破碎时产生的振动波。传感器把振动波转换成电压输出，输出电压经放大、滤波、比较等处理后提供给报警系统。

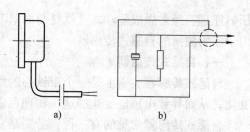

图 5—30　BS - D2 压电式玻璃破碎传感器
a）外形　b）内部电路

BS - D2 压电式玻璃破碎传感器的外形及内部电路如图 5—30 所示。传感器的最小输出电压为 100 mV，内阻抗为 15 ~ 20 kΩ。

报警器的电路框图如图 5—31 所示。使用时传感器用胶粘贴在玻璃上，然后通过电缆和报警电路相连。为了提高报警器的灵敏度，信号经放大后，需经带通滤波器进行滤波，要求它对选定的频谱通带的衰减要小，而带外衰减要尽量放大。由于玻璃振动的波长在音频和超声波的范围内，这就使滤波器成为电路中的关键。当传感器输出信号高于设定的阈值时输出报警信号，驱动报警执行机构工作。玻璃破碎报警器广泛用于文物保管、贵重商品保管及其他商品柜台等场合。

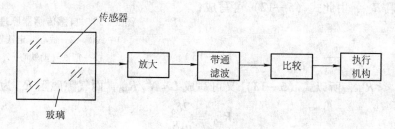

图 5—31　压电式玻璃破碎报警器电路框图

3. 煤气灶电子点火装置

煤气灶电子点火装置如图 5—32 所示，它通过高压跳火来点燃煤气。当使用者将开关往里压时，气阀打开，将开关旋转，则使弹簧往左压。此时，弹簧有一很大的力撞击压电晶体，产生高压放电，导致燃烧盘点火。

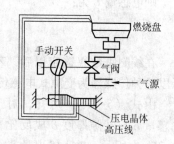

图 5—32　煤气灶电子点火装置

在工程和机械加工中，压电传感器可用于测量各种机械设备及部件所受冲击力。例如锻锤、打夯机、打桩机、振动给料机的激振器、地质钻机钻探冲击器、船舶、车辆碰撞等机械设备冲击力的测量均可采用压电式传感器。

第四节　　自感式力传感器

电感式传感器的基本原理是电磁感应原理，利用线圈自感或互感量系数的变化来实现非电量的测量（如压力、位移等），常用的有自感式和互感式两类。而互感式传感器是利用变压器原理，经常做成差动式，就是前面章节介绍过的差动变压器式传感器。本节主要介绍常用于压力测量的自感式传感器。

一、自感式传感器

自感式传感器实质上是一个带铁心的线圈。它是基于机械变量变化引起线圈回路磁阻的变化，从而导致电感量变化的这一物理现象制成的。

自感式传感器常见的有三种，分别是变隙式、变截面积式和螺线管式。

1. 变隙式传感器

图5—33所示为自感式传感器原理结构，主要由铁心、衔铁和线圈三部分组成。其中δ_0为铁心与衔铁的初始气隙长度，N为线圈匝数，S为铁心截面积。

设磁路总磁阻为R_m，则线圈电感为：

$$L = \frac{N^2}{R_m} \qquad (5—12)$$

磁路总磁阻是由两部分组成，即导磁体磁阻R_{m1}和气隙磁阻R_{m0}，由此式（5—12）可写成：

$$L = \frac{N^2}{R_{m1} + R_{m0}} \qquad (5—13)$$

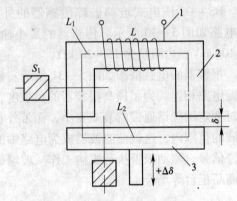

图5—33 自感传感器原理结构
1—线圈 2—铁心（定铁心）
3—衔铁（动铁心）

由于$R_{m1} \ll R_{m0}$，所以式（5—13）又可写成$L = N^2/R_{m0}$，而气隙磁阻R_{m0}为：

$$R_{m0} = \frac{2\delta_0}{\mu_0 S_0} \qquad (5—14)$$

式中 S_0——气隙有效导磁面积。

则电感量L为：

$$L = \frac{N^2 \mu_0 S_0}{2\delta_0} \qquad (5—15)$$

在线圈匝数N确定以后，若保持气隙截面积S为常数，则电感L是气隙厚度δ的函数，所以这种传感器为变隙式电感传感器。

由式（5—15）可知，对于变隙式传感器，电感量L与气隙厚度δ成反比，其输出特性如图5—35a中所示，输入输出是非线性关系，δ越小，灵敏度越高。为了保证一定的线性度，变隙式传感器只能工作在一段很小的区域，因而只能用于微小量的测量。

在实际应用中，为了提高灵敏度，改善非线性、减弱和消除温度变化、电源频率变化及外界干扰等影响，常使用如图5—34所示的差动式结构。

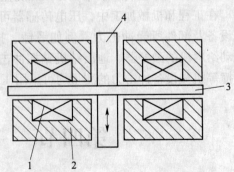

图5—34 差动变隙式自感式传感器
1—线圈 2—铁心 3—衔铁 4—导杆

2. 变截面积式电感传感器

对于上面的结构，在线圈匝数 N 确定后，若保持气隙厚度为常数，则电感量 L 是气隙有效截面积 S 的函数，故这种传感器称为变截面积式传感器。

对于变截面积式传感器，理论是电感量 L 与气隙截面积 S 成正比，输入输出呈线性关系，如图5—35b 中所示，灵敏度为一常数。但由于漏感等原因，变截面式电感传感器在 $S=0$ 时仍有较大的电感，所以其线性区域较小，而且灵敏度低。

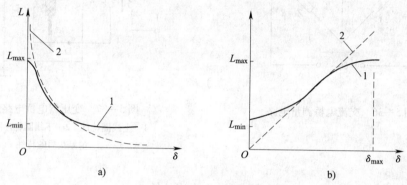

图5—35 电感式传感器的输出特性
a）输出特性 b）输入特性
1—实际曲线 2—理论曲线

3. 螺线管式电感传感器

对于长螺线管，衔铁在线圈中伸入长度的变化将引起螺线管电感量的变化。当衔铁工作在螺线管的中部时，可以认为线圈内磁场强度是均匀的，此时线圈电感量 L 与衔铁插入深度大致成正比。这种传感器结构简单，制作容易，但灵敏度稍低，且衔铁在螺线管中间部分工作时，才有希望获得良好的线性关系。

二、自感式传感器测量电路

电感式传感器的测量转换电路通常采用电桥电路，其作用是把电感的变化转换为电压或电流信号的变化，以便送入后续放大电路进行放大。下面以差动式变隙式传感器的测量电路为例进行介绍。

1. 变压器电桥电路

图5—36 所示为交流电桥测量电路，把传感器的两个线圈作为电桥的两个桥臂 Z_1 和 Z_2，另外两个相邻的桥臂用纯电阻代替，对于品质因数 Q 高的差动式电感传感器，其输出电压 U_o 为：

$$U_o \approx \frac{U_{AC}\Delta L}{2L_0} \qquad (5—16)$$

式中 L_0——衔铁在中间位置时单个线圈的电感；
　　　ΔL——两线圈电感的差量。

2. 变压器式交流电桥

变压器式交流电桥测量电路如图5—37 所示，电桥两臂 Z_1、Z_2 为传感器线圈阻抗，另外两桥臂阻抗为交流变压器次级线圈的 1/2。当负载阻抗为无穷大时，桥路输出电压 U_o 为：

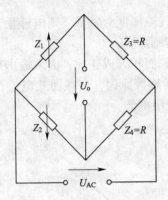

图5—36 交流电桥测量电路

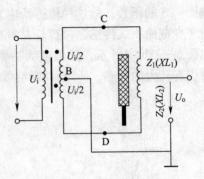

图5—37 变压器电桥电路
1—上线圈特性 2—下线圈特性图
3—L_1、L_2差接后的特性

$$U_\text{o} = \frac{(Z_1 - Z_2)U_\text{i}}{(Z_1 + Z_2)^2} \qquad (5-17)$$

当传感器的衔铁处于中间位置时，即 $Z_1 = Z_2 = Z$，此时有 $U_\text{o} = 0$，电桥平衡。

当传感器中的衔铁上移时，$U_\text{o} = -\dfrac{U_\text{i}\Delta L}{2L}$

当传感器中的衔铁下移时，$U_\text{o} = \dfrac{U_\text{i}\Delta L}{2L}$

从上式可知，衔铁上下移动相同距离时，输出电压的大小相等，但方向相反，由于 U_o 是交流电压，输出指示无法判断位移方向，必须配合相敏检波电路来解决。

第五节　　其他类型力传感器

位移是力的一个典型的作用效果，通常力和位移都存在一定的对应关系，通过对位移的测量，就可以实现对力的测量，因此前面学过的几种用于测量位移的传感器的工作原理也可应用于力的测量，如电位器式力传感器、电容式力传感器、差动变压器式力传感器等。下面是这几类力传感器的典型实例。

一、电位器式压力传感器

电位器式压力传感器主要用于测量流体的压力，其结构如图5—38所示，被测流体通入弹性敏感元件膜盒的内腔，在流体压力作用下，膜盒中心产生弹性位移，推动连杆上移，使曲柄轴带动电位器的电刷在电位器绕组上滑动，因而输出一个与被测压力成正比的电压信号。

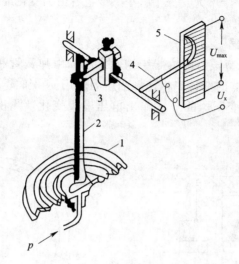

图 5—38 电位器式压力传感器

1—膜盒 2—连杆 3—曲柄 4—电刷 5—电阻元件

二、电位器式加速度传感器

力与加速度存在着对应关系,因此同样的原理也可应用于加速度的测量。图 5—39 所示为电位器式加速度传感器,惯性模块 1 以某一加速度运动时,使片状弹簧 2 产生正比于被测加速度的位移,从而使电刷 4 在电位器的电阻元件 3 上滑动,输出与加速度成正比的电压信号,通过输出电压测量加速度。

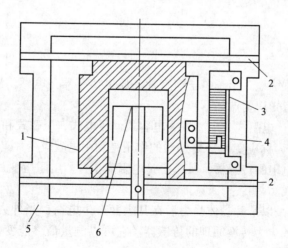

图 5—39 电位器式加速度传感器

1—惯性模块 2—片状弹簧 3—电阻元件 4—电刷 5—壳体 6—活塞阻尼器塞

三、电容式压力传感器

图 5—40 所示为差动电容式压力传感器的结构图。图中膜片为动电极,两个在凹形玻璃上的金属镀层为固定电极,构成差动电容器。当被测压力或压力差作用于膜片并产生位移

时，所形成的两个电容量一个增大、一个减小。该电容值的变化经测量电路转换成压力或与压力相对应的电流或电压的变化。

四、YDC型压力传感器

图5—41所示为YDC型压力传感器结构示意图，由弹簧管和差动变压器组成。弹簧管1的自由端和差动变压器的衔铁2相连。当压力作用使得弹簧管自由端产生位移时，便带动衔铁运动，因而差动变压器的二次输出电压发生变化。测出这个输出电压，通过标定换算出压力。

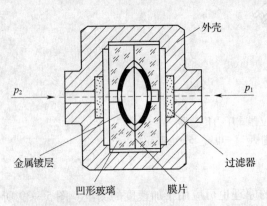

图5—40　差动电容式压力传感器结构图

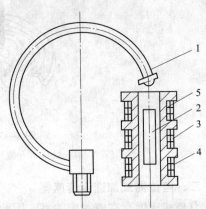

图5—41　YDC型压力传感器
1—弹簧管　2—衔铁　3—一次绕组
4、5—二次绕组

本章小结

本章结合实例，系统地介绍了电子应变片、压电传感器、电感传感器等的原理、结构、应用等方面知识。本章知识要点如下：

1. 力传感器种类：电阻式、电感式、电容式、压电式、压磁式和压阻式等。

2. 电阻应变片（简称应变片）传感器的作用是利用电阻应变片（或弹性敏感元件）将应变或应变力转换为电阻的传感器，其核心是电阻应变片。电阻应变片传感器由电阻应变片和测量电路两部分组成。

3. 压电式传感器是以某些晶体受力后在其表面产生电荷，当外力去掉后，又重新恢复到不带电状态的压电效应为转换原理的传感器。它可以测量最终能变换为力的各种物理量，如力、压力、加速度等。

4. 自感式传感器实质上是一个带铁心的线圈。它是基于机械变量变化会引起线圈回路磁阻的变化，从而导致电感量变化的这一物理现象制成的。压力测量经常使用自感式传感器。

5. 互感传感器本身就是变压器，一次侧接入激励源后，二次侧将因互感而产生感应电动势输出。当绕组间互感随被测量变化时，输出感应电动势将产生相应的变化。

第六章

温度传感器

温度传感器是检测温度的器件，能将温度的变化转换成其他物理量的变化后再进行测量的一种装置。温度传感器广泛地应用于日常生活与工业生产的温度控制中，如饮水机、冰箱、冷柜、空调、微波炉等制冷、制热产品都需要利用传感器进行温度测量进而实现温度控制；汽车发动机、油箱、水箱的温度控制，化纤厂、化肥厂、炼油厂生产过程的温度控制，冶炼厂、发电厂锅炉温度的控制等也需要温度传感器提供控制依据。

第一节　温度测量与温度传感器

温度是和人们生活环境有着密切关系的一个物理量，是国际单位制中 7 个基本量之一。本部分内容介绍有关温度、温标及测温方法等一些基本概念。

一、温度的基本概念

1. 温度

众所周知，当两个冷热不同的物体相互接触时，热量会从热物体传向冷物体，使热物体变冷，冷物体变热，最后使两个物体的冷热程度相同，此时两物体达到热平衡。因此，从宏观性质讲，温度表示了物体冷热程度，物体温度的高低确定了热量传递的方向：热量总是从温度高的物体传向温度低的物体。

工程上测量物体温度用的温度计或温度传感器，就是依据处于热平衡的物体，都具有相同的温度这一事实。当温度计与被测物体达到热平衡时，温度计指示的温度就等于被测物体的温度。

2. 温标

为了进行温度测量，需建立温度的标尺，即温标。它规定了温度读数的起点（零点）以及温度的单位。国际上规定的温标有：摄氏温标、华氏温标、热力学温标、国际实用温标。

（1）摄氏温标

摄氏温标是把在标准大气压下冰水混合物的温度规定为零度（0℃），把水的沸点规定为 100 度（100℃），将这两个温度点划分为 100 等分，每一等分为 1 摄氏度。国际摄氏温标的符号为 t，国际摄氏温标的温度单位符号为℃。

（2）华氏温标

华氏温标把一定浓度的盐水凝固时的温度规定为 0 ℉，把纯水凝固时的温度规定为 32 ℉，把标准大气压下水沸腾的温度规定为 212 ℉，把这两个温度之间分为 180 等分，每个等分为一华氏度，用℉代表华氏温度。华氏温标与摄氏温标的关系为：

$$[\theta]_F = [1.8\,(t)℃ + 32]\qquad\qquad(6—1)$$

（3）热力学温标

国际单位制（即 SI 制）中，以热力学温标作为基本温标。它所定义的温度称为热力学温度 T，单位为开尔文，符号为 K。热力学温标以水的三相点（0.01℃），即水的固、液、气三态平衡共存时的温度为基本定点，并规定其温度为 273.15 K。热力学温度也常沿用"绝对温度"的名称。热力学温标与摄氏温标存在着下述关系：

$$[t]_℃ = [T]_K - 273.15\qquad\qquad(6—2)$$

（4）国际实用温标

它是一个国际协议性温标，与热力学温标基本吻合。它不仅定义了一系列温度的固定点，而且规定了不同温度段的标准测量仪器，因此复现精度高（全世界用相同的方法测量温度，可以得到相同的温度值），使用方便。

二、温度测量及传感器分类

常用的各种材料和元器件的性能大都会随着温度的变化而变化，具有一定的温度效应。其中一些稳定性好、温度灵敏度高、能批量生产的材料就可以作为温度传感器的材料。

温度传感器一般分为接触式和非接触式两大类。接触式温度传感器有热电偶和热敏电阻等，利用其产生的热电动势或电阻随温度变化的特性来测量物体的温度，一般还采用与开关组合的双金属片或磁继电器开关进行控制。非接触式温度传感器测温时不需要直接与被测对象接触，两者通过热辐射或对流的方式传导热量，最终达到测温目的。非接触式温度传感器可以测量高温、有腐蚀性、有毒和运动物体的温度，常见的有辐射高温计、红外温度传感器等。

一些常见的传感器见表 6—1。

表 6—1　　　　　　　　　　　　　　各种温度传感器

测温方式	物理效应	温度传感器种类			
非接触式测温	光辐射热辐射	光学高温计		红外测温仪	

测温方式	物理效应	温度传感器种类		
接触式测温	体积热膨胀	气体温度计		压力式温度计	
		双金属温度计		普通玻璃温度计	
	电阻变化	铂热电阻式温度传感器		铜热电阻式温度传感器	

续表

测温方式	物理效应	温度传感器种类		
接触式 测温	热电效应	铠装式热电偶	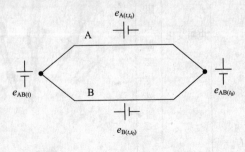	普通型热电偶
	PN 结结电压	半导体基础电路温度传感器		

第二节　热电偶式温度传感器

热电偶是测量在铜—康铜、镍铬—镍铝、铂铑—铂等不同金属或合金的接合界面上出现温度差而产生的热电动势，从而测量物体温度的传感器，是目前应用最广泛的温度传感器。热电偶的特点是结构简单，仅由两根不同的导体或半导体材料焊接或绞接而成，测温的精确度和灵敏度足够高，稳定性和复现性较好，动态响应快，测温范围广，电动势信号便于传送。

一、热电偶的基本性质

1. 热电偶工作原理

由不同的导体或半导体 A 和 B 组成一个回路，其两端相互连接时（见图6—1），只要两接点处的温度不同，回路中将产生一个电动势，该电动势的方向和大小与导体材料及两接点的

图6—1　热电偶回路

温度有关。这种现象称为"热电效应",一端温度为 T,称为工作端或热端,另一端温度为 T_0,称为自由端(也称参考端)或冷端,两种导体组成的回路称为"热电偶",这两种导体称为"热电极",产生的电动势则称为"热电动势"。

根据热电偶的以上性质,将两根金属丝的一端焊接在一起,作为热电偶的测量端,另一端与测量仪表相连,通过测量热电偶的输出电势,即可推算出所测温度值。其测量原理如图 6—2 所示。图 6—3 所示为一种常见的热电偶式温度传感器的实物照片。

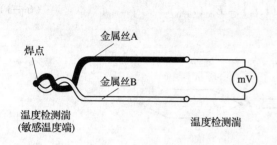

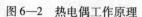

图 6—2 热电偶工作原理   图 6—3 热电偶式温度传感器

2. 热电偶的基本性质

根据理论推导和实践经验,可以得到以下结论:

热电偶回路中热电动势的大小,只与组成热电偶的导体材料和两接点的温度有关,而与热电偶的形状、尺寸无关。当热电偶两电极材料固定后,热电动势只与两接点的温度有关。当冷端温度恒定时,热电偶产生的热电动势只随热端(测量端)温度的变化而变化,即一定的热电动势对应着一定的温度。因此,只要用测量热电动势的方法就可以达到测温的目的。

同时热电偶还应遵循以下的基本定则:

(1)均质导体定则

如果热电偶回路中的两个热电极材料相同,无论两接点的温度如何,热电动势为零,称为热电偶的均质导体定则。根据这个定则,既可以检验两个热电极材料成分是否相同(称为同名极检验法),也可以检查热电极材料的均匀性。

(2)中间导体定则

在热电偶回路中接入第三种导体,只要第三种导体的两接点温度相同,则回路中总的热电动势不变,这就是热电偶的中间导体定则。如图 6—4 所示在热电偶回路中接入第三种导体 C。导体 A 与 B 接点处的温度为 t,A 与 C、B 与 C 两接点处的温度相同都为 t_0,则回路中的总电动势不变。

热电偶的这种性质在实际应用中有着重要的意义,它使我们可以方便地在回路中直接接入各种类型的显示仪表或调节器,也可以将热电偶的两端不焊接而直接插入液态金属中或直接焊在金属表面进行温度测量。

(3)标准热电极定则

如果两种导体分别与第三种导体组成的热电偶所产生的热电动势已知，则由这两种导体组成的热电偶所产生的热电动势也就已知，这就是热电偶的标准电极定则。如图6—5所示，导体A、B分别与标准热电极C组成热电偶，若它们所产生的热电动势已知，那么，导体A与B组成的热电偶，其热电动势可由下式求得：

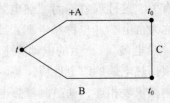

图6—4　热电偶中接入第三种导体

$$E_{AB}(t, t_0) = E_{AC}(t, t_0) - E_{BC}(t, t_0) \qquad (6\text{—}3)$$

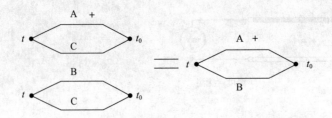

图6—5　热电偶标准热电极定则

标准热电极定则是一个极为实用的定则。可以想象，纯金属的种类很多，而合金类型更多。因此，要得出这些金属之间组合而成的热电偶的热电动势，其工作量是极大的。由于铂的物理、化学性质稳定，熔点高，易提纯，所以人们通常选用高纯铂丝作为标准热电极，只要测得各种金属与纯铂组成的热电偶的热电动势，则各种金属之间相互组合而成的热电偶的热电动势就可以直接计算出来。

例如：热端为100℃，冷端为0℃时，镍铬合金与纯铂组成的热电偶的热电动势为2.95 mV，而考铜与纯铂组成的热电偶的热电动势为-4.0 mV，则镍铬和考铜组合而成的热电偶所产生的热电动势应为2.95 mV-（-4.0 mV）=6.95 mV。

（4）中间温度定则

热电偶在两接点温度t、t_0时的热电动势等于该热电偶在接点温度为t、t_n和t_n、t_0时的相应热电动势的代数和，如图6—6所示，这就是热电偶的中间温度定则。

中间温度定则可以用下式表示：

$$E_{AB}(t, t_0) = E_{AB}(t, t_n) + E_{AB}(t_n, t_0) \qquad (6\text{—}4)$$

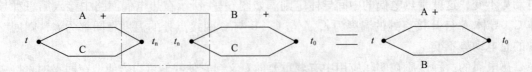

图6—6　热电偶中间温度定则

中间温度定则为补偿导线的使用提供了理论依据。它表明：若热电偶的热电极被导体延长，只要接入的导体组成的热电偶的热电特性与被延长的热电偶的热电特性相同，且它们之间连接的两点温度相同，则总回路的热电动势与连接点温度无关，只与延长以后的热电偶两端的温度有关。

二、热电偶的结构、分类及特点

1. 按结构分类

（1）普通型热电偶的结构

在工业生产中普通型热电偶作为测量温度的传感器，通常和显示仪表、记录仪表以及一些控制仪表配套使用。热电偶传感器是由热电极、绝缘管、保护套管和接线盒等几个主要部分组成，如图6—7所示。

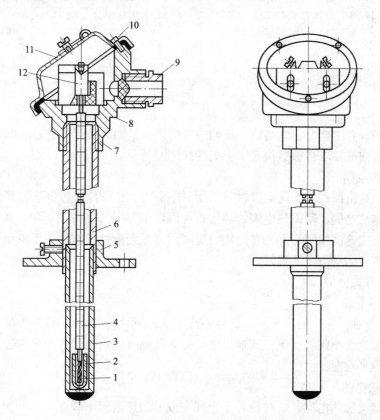

图6—7　普通型热电偶的组成

1—热电偶工作端　2—绝缘套　3—下保护套　4—绝缘管　5—固定法兰　6—上保护套

7—接线盒底座　8—接线绝缘座　9—引出线套管　10—固定螺钉　11—接线盒外罩　12—接线柱

热电极偶丝的长度由使用状况、安装条件，特别是工作端在被测介质中插入的深度来决定，插入深度通常为300～2 000 mm，最长可达10 m左右，其价格随长度的增加而增加。保护套管一般由不锈钢制成，一方面起耐高温、耐腐蚀、免受机械损伤的保护作用，另一方面起热传导作用。

（2）铠装热电偶的结构

铠装热电偶由热偶丝、绝缘材料、不锈钢套管经多次一体拉制而成。由于使用环境及安装形式不同，铠装热电偶的外形结构也多种多样，如图6—8所示。

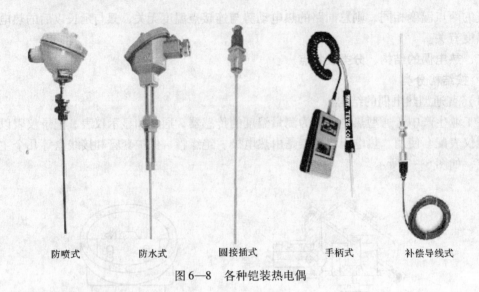

防喷式　　　　防水式　　　　圆接插式　　　　手柄式　　　　补偿导线式

图 6—8　各种铠装热电偶

铠装热电偶具有能弯曲、耐高压、热响应时间短和坚固耐用等优点，尤其适宜安装在狭窄、弯曲的管道内或要求传感器快速反应的特殊测温场合。

（3）薄膜热电偶

薄膜热电偶是由两种薄膜热电极材料，用真空蒸镀、化学涂层等办法镀到绝缘基板上面制成的一种特殊热电偶。薄膜热电偶的热接点可以做得很小（可薄到 $0.01 \sim 0.1 \ \mu m$），它具有热容量小、反应速度快等特点，它的热响应时间可达到微秒级，适用于微小面积上的表面温度以及快速变化的动态温度测量。

2. 按连接方式分类

（1）并联热电偶

如图 6—9 所示，它是把几个同一型号的热电偶的同性电极参考端并联在一起，而各个热电偶的测量端处于不同温度下，其输出电动势为各热电偶热电动势的平均值，所以这种热电偶可用于测量平均温度。

（2）串联热电偶

这种热电偶又称热电堆，它是把若干个同一型号的热电偶串联在一起，所有测量端处于同一温度 T 之下，所有连接点处于另一温度 T_0 之下（见图 6—10），则输出电动势是每个热电动势之和。

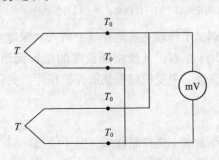

图 6—9　并联热电偶测量线路

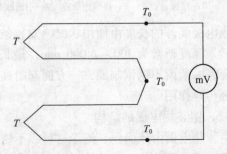

图 6—10　串联热电偶测量线路

3. 热电偶的特点

在温度测量中，热电偶的应用极为广泛，它具有结构简单、制造方便、测量范围广、精度高、热惯性小和信号输出便于远传等优点。由于热电偶是一种有源传感器，测量时不需外加电源，因此常常被用作测量炉子、管道内的气体或液体的温度及固体的表面温度。由于热电偶温度传感器的灵敏度与材料的粗细无关，所以用非常细的材料也能够做成温度传感器。这种细微的测温元件有极高的响应速度，可以测量快速变化的过程，如燃烧和爆炸过程等。

热电偶也有缺陷，就是它的灵敏度比较低，既容易受到环境干扰信号的影响，也容易受到前置放大器温度漂移的影响，因此不适合测量微小的温度变化。

热电偶种类很多，常用热电偶见表6—2。

表6—2 常用热电偶

名称	型号	分度号	测温范围（℃）	100℃时热电动势（mV）	特点	使用环境
铂铑$_{30}$—铂铑$_6$	WRR	B（LL—2）	0—1 800	0.033	使用温度高，范围广，性能稳定，精度高；易在氧化和中性介质中使用；但价格贵，热电动势小灵敏度低	可以在氧化性及中性气体中长期使用，不能在还原性及含有金属或非金屑蒸汽的环境中使用
铂铑$_{10}$—铂	WRP	S（LB—3）	0—1 600	0.645	使用温度范围广，性能稳定，精度高；复现性好，热电动势小，高温下铑易升华，污染铂极，价格贵，用于较精密的测温中	可以在氧化性及中性气体中长期使用，不能在还原性及含有金属或非金屑蒸汽的环境中使用
镍铬—镍硅	WRN	K（EU—2）	200—1 300	4.095	热电动势小，线性好，廉价，但材质较脆，焊接性能及抗辐射性能较差	适用于氧环境，耐金属蒸汽，不耐还原性环境
镍铬—考铜	WRK	EA—2	0—300	6.95	热电动势小，线性好，廉价，测温范围小，考铜易受氧化而变质	适用于氧环境，耐金属蒸汽，不耐还原性环境

三、热电偶的冷端补偿

从热电效应的原理可知，热电偶产生的热电动势与两端温度有关。只有将冷端的温度恒定，热电动势才是热温度的单值函数。由于热电偶分度表是以冷端温度为0℃时作出的，因此在使用时要正确反映热端温度（被测温度），最好设法使冷端温度恒为0℃。但实际应用中，热电偶的冷端通常靠近被测对象，且受到周围环境温度的影响，其温度不是恒定不变的。为此，必须采取一些相应的措施进行补偿或修正，常用的方法有以下几种：

1．冷端恒温法

（1）0℃恒温器

将热电偶的冷端置于温度为0℃的恒温器内（如冰水混合物），使冷端温度处于0℃。这种装置通常用于实验室或精密的温度测量。如图6—11所示。

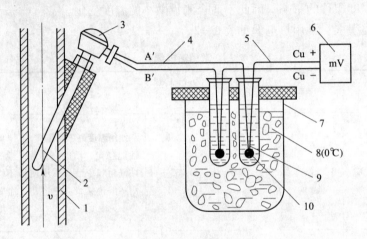

图6—11　冰浴法接法布置图

1—被测液体管道　2—热电偶　3—接线盒　4—补偿导线

5—铜质导线　6—毫伏表　7—冰瓶　8—冰水混合物

9—试管　10—新的冷端

（2）其他恒温器

将热电偶的冷端置于各种恒温器内，使之保持温度恒定，避免由于环境温度的波动而引入误差。这类恒温器可以是盛有变压器油的容器，利用变压器油的热惰性恒温；也可以是电加热的恒温器。这类恒温器的温度不为0℃，故最后还需对热电偶进行冷端温度修正。

2．补偿导线法

热电偶由于受到材料价格的限制不可能做得很长，需要使其冷端不受测温对象的温度影响，必须使冷端远离温度对象，采用补偿导线就可以做到这一点。所谓补偿导线，实际上是一对材料化学成分不同的导线，在 0 ~ 150℃ 温度范围内与配接的热电偶有一致的热电性，但价格相对要便宜。若利用补偿导线，将热电偶的冷端延伸到温度恒定的场所（如仪表室），其实质是相当于将热电极延长。根据中间温度定律，只要热电偶和补偿导线的两个接点温度一致，是不会影响热电动势输出的。

补偿导线的类型见表6—3，表中Ⅰ类通常是和所配热电极相同的合金；Ⅱ类通常是和所配热电极不相同的合金。

表6—3　　　　　　　　　　　　　　　　热电偶补偿导线类型

热电偶类型	补偿导线类型	合金材料		温度范围（℃）
		正极	负极	
贱金属	Ⅰ类			
镍铬—考铜	镍铬—考铜	镍铬	考铜	0～150
铁—康铜	铁—康铜	铁	康铜	0～150
镍铬—镍硅	镍铬—镍硅	镍铬	镍硅	0～150
铜—康铜	铜—康铜	铜	康铜	0～150
贵金属	Ⅱ类			
镍铬—镍硅	铜—康铜	铜	康铜	0～150
钨铼$_5$—钨铼$_{20}$	铜—铜镍硅	铜	铜镍合金	0～150
铂铑$_{10}$—铂	铜—铜镍合金	铜	铜镍合金	0～150

3. 计算修正法

上述两种方法解决了热电偶的冷端温度恒定的问题，但是冷端温度并非一定为0℃，所以测出的热电动势还是不能正确反映热端的实际温度。为此，必须对温度进行修正。

修正公式如下：

$$E_{AB}(t,t_0) = E_{AB}(t,t_1) + E_{AB}(t_1,t_0) \tag{6—5}$$

式中，$E_{AB}(t,t_0)$ 为热电偶端温度为 t，冷端温度为0℃时的热电动势；$E_{AB}(t,t_1)$ 为热电偶热端温度为 t，冷端温度为 t_1 时的热电动势；$E_{AB}(t_1,t_0)$ 为热电偶热端温度为 t_1，冷端温度为0℃时的热电动势。

4. 电桥补偿法

电桥补偿法是利用不平衡电桥产生不平衡电压来补偿热电偶因自由端温度变化而引起的热电动势变化值，线路如图6—12所示。补偿电桥中的3个桥臂电阻 R_1、R_2、R_3 由锰铜丝制成，另一桥臂电阻 R_{Cu} 由铜丝制成。一般用补偿导线将热电偶的自由端延伸至补偿电桥处，使补偿电桥与热电偶自由端具有相同的温度。

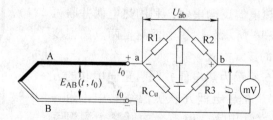

图6—12　具有补偿电桥的热电偶测温电路

电桥通常在20℃时平衡（$R_1 = R_2 = R_3 = R_{Cu}$），此时 $U_{ab} = 0$，电桥对仪表的读数无影响。当周围环境大于20℃时，热电偶因自由端温度升高使热电动势减小，电桥由于 R_{Cu} 阻值的增加而使b点电位高于a点电位，在b，a对角线间有一不平衡电压 $U_{ba} > 0$ 输出，它与热电偶的热电动势叠加送入测量仪表。若选择的桥臂电阻和电流的数值适当，可使电桥产生不平衡电压 U_{ba} 正好补偿由于自由端温度变化而引起的热电动势的变化值，使仪表指示出正确的温度。

由于电桥是在 20℃ 时平衡的，所以采用此法仍需要把仪表的机械零点调到 20℃ 处。测量仪表为动线圈表时应使用补偿电桥，若测量仪表为电位差计，则不需要补偿电桥。

5. 显示仪表零位调整法

当热电偶通过补偿导线连接显示仪表时，如果热电偶冷端温度已知且恒定时，可预先将有零位调整器的显示仪表的指针从刻度的初始值调至已知的冷端温度值上，这时显示仪表的显示值即为被测量的实际温度值。

四、热电偶的测温电路

1. 测量单点温度

应用热电偶来简单地测量某个点的温度值，其测温线路如图 6—13 所示。图 6—13a 所示为普通测温线路，热电偶后面加上补偿导线，用以延长到仪表室接显示仪表。图 6—13b 所示为带有温度补偿器的测温线路，在图 6—13a 的基础上，在显示仪表前接上相应的温度补偿器。

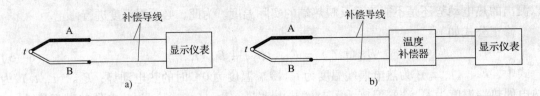

图 6—13　热电偶单点的温度的测量
a) 普通测温线路　b) 带温度补偿器的测温线路

2. 测量两点间温度差（反向串联）

特殊情况下，热电偶可以串联或并联使用，但只能是用同一分度号的热电偶，且冷端应在同一温度下。如热电偶正向串联，可获得较大的热电动势输出，并提高灵敏度；在测量两点温差时，可采用热电偶反向串联；利用热电偶并联可以测量平均温度。图 6—14 所示是用热电偶测量两点的温度差（热电偶反向串联）的接线方式。

图 6—15 和图 6—16 所示为热电偶并联、正向串联的方式，用以测量平均温度。在热电偶并联测温线路中，当一只热电偶烧断时，难以察觉出来，但不会中断整个测温系

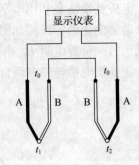

图 6—14　热电偶测量两点温度差的接线方式

统的工作。热电偶正向串联电路的优点是热电动势大，仪表的灵敏度大大增加，且避免了热电偶并联线路存在缺点，可立即发现断路；缺点是只要有一只热电偶断路，整个测温系统将停止工作。

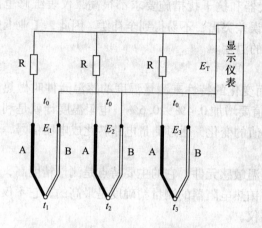 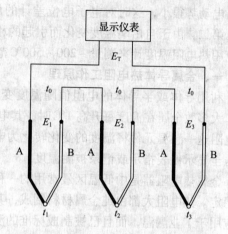

图6—15　热电偶的并联测温线路图　　　　图6—16　热电偶的串联测温线路图

3. 热电偶的应用——金属表面温度的测量

对于机械、冶金、能源、国防等部门来说，金属表面温度的测量是非常普遍而又比较复杂的问题。例如气体蒸汽管道、炉壁面等表面温度的测量，通常所需测温范围从几百摄氏度到一千摄氏度以上，因此可根据测温对象的特点来选择不同的热电偶。

被测温度在200～300℃时，可采用黏结剂将热电偶的接点附于金属壁面，工艺比较简单，但在温度特别高，要求测量精度高和时间常数小的情况下，常常采用焊接的方法，将热电偶头部焊于金属壁面，此时热电偶的接点被接地，所以采用差动减法放大器。如图6—17所示。

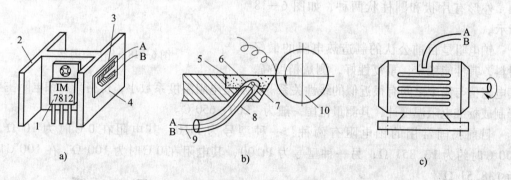

a)　　　　　　　　　　　　　　b)　　　　　　　　　　　　c)

图6—17　适合不同壁面的热电偶使用方式

a) 将热电偶粘贴在被测元件表面　b) 测量端从斜孔内插入　c) 测量端从原有的孔内插入

1—功率元件　2—散热片　3—薄膜热电偶　4—绝热保护层　5—车刀　6—激光加工斜孔

7—露头式铠装热电偶测量端　8—薄壁金属保护管　9—冷端　10—工件

第三节　热电阻式温度传感器

如果应用热电偶测500℃以下的中、低温，则会存在以下两个问题：第一，热电偶输出的热电动势很小，这时对电子电位差计的放大器和抗干扰措施要求都很高，仪表维修也困难；第二，由于自由端温度变化而引起的相对误差突出，不易得到全补偿。因此，工业上广泛应用热电阻温度计来测量 $-200 \sim 500℃$ 范围的温度。

一、金属导体热电阻工作原理

利用导体或半导体的电阻值随温度变化而变化的特性来测量温度的感温元件叫做热电阻。大多数金属在温度每升高 $1℃$ 时，其电阻值要增加 $0.4\% \sim 0.6\%$。电阻温度计就是利用热电阻这一感温元件将温度的变化转化为电阻值的变化，通过测量电路转化成电压信号，然后送至显示仪表指示或记录被测温度。

金属热电阻器是中低温区最常用的一种测温敏感元件。它的主要特点是测量精度高，性能稳定。热电阻大都由纯金属材料制成，其中铂热电阻器的测量精确度是最高的，它不仅广泛应用于工业测温，而且已被制成标准的测温仪。

1. 铂热电阻

铂是比较理想的热电阻材料，易于提纯，在氧化性介质中，甚至在高温下，其物理、化学性质都很稳定，且在较宽的温度范围内可保持良好的特性。但在还原性介质中，特别是在高温下易被沾污，使铂丝变脆，并改变其电阻与温度间的关系。

铂电阻器的铂丝是绕在由云母片制成的片形支架上的，绕组的两面用云母片夹住绝缘，外形有片状和圆柱状两种，如图 6—18所示。

铂电阻是目前公认的制造热电阻的最好材料，其性能稳定，重复性好，测量精度高，

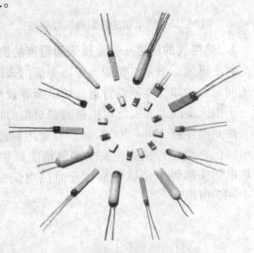

图6—18　铂热电阻器

其电阻值与温度之间有很近似的线性关系。缺点是电阻温度系数小，价格高。铂电阻主要用于制成标准电阻温度计，其测量范围一般为 $-200 \sim 650℃$。

目前我国常用的铂电阻有两种：一种型号为 Pt10，其电阻在 $0℃$ 时为 $10\ \Omega$，在 $100℃$ 时约为 $13.851\ \Omega$；另一种型号为 Pt100，其电阻在 $0℃$ 时为 $100\ \Omega$，在 $100℃$ 时约为 $138.51\ \Omega$。

2. 铜电阻

铜的电阻温度系数大，易加工提纯，其电阻值与温度呈线性关系，价格便宜，在 $-50 \sim 150℃$ 内有很好的稳定性。但温度超过 $150℃$ 后易被氧化而失去线性特性，因此，它的工作温度不超过 $150℃$。铜的电阻率较小，要具有一定的电阻值，铜电阻丝必须较细且长，其热电阻体积较大，机械强度低。铜电阻器的铜漆包线绕在圆形骨架上，为了使热电阻能得到较长的使用寿命，一般铜电阻外加有金属保护套管，如图 6—19 所示。

工业上用的铜电阻有两种：一种型号为 Cu50，其电阻在 $0℃$ 时为 $10\ \Omega$，在 $100℃$ 时约为 $14.28\ \Omega$；另一种型号为 Cu100，其电阻在 $0℃$ 时为 $10\ \Omega$，在 $100℃$ 时约为 $142.8\ \Omega$。

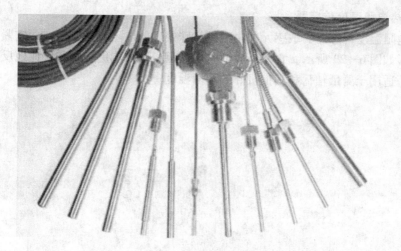

图 6—19 铜热电阻器

二、热电阻温度传感器的结构

在环境良好的情况下，测量无腐蚀性气体或固体的表面温度时，可直接使用电阻式温度敏感元件。在测量液体温度或测量环境比较恶劣时不能直接使用电阻式温度敏感元件，需要在其外表加防护罩进行保护后方可使用。

1. 普通型热电阻温度传感器

普通型热电阻温度传感器由热电阻元件、绝缘套管、引出线、保护套管及接线盒等基本部分组成，如图 6—20 所示。保护管套不仅用来保护热电阻敏感元件免受被测介质化学腐蚀和机械损伤，还具有导热功能，它能将被测介质的温度快速传导至热电阻。

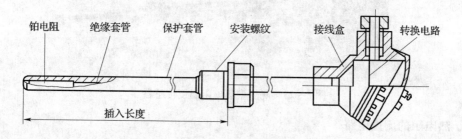

图 6—20 普通型热电阻温度传感器

2. 铠装热电阻温度传感器

铠装热电阻温度传感器如图 6—21 所示。与普通型热电阻相比，它有下列优点：

（1）体积小，内部无空气隙，热惯性小，测量滞后小。

（2）机械性能好、耐振，抗冲击。

（3）能弯曲，便于安装。

（4）耐腐蚀，使用寿命长。

图 6—21 铠装热电阻温度传感器

3. 端面热电阻温度传感器

端面热电阻温度传感器的敏感元件由经过特殊处理的电阻丝绕制而成，它紧贴在温度计端面，其外形如图6—22所示。它与一般轴向热电阻相比，能更正确和快速地反映被测端面的实际温度，适用于测量轴瓦和其他机件的端面温度。

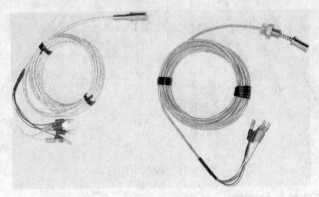

图6—22　端面热电阻温度传感器

4. 隔爆型热电阻温度传感器

隔爆型热电阻温度传感器通过具有隔爆外壳的接线盒，把其外壳内部可能产生爆炸的混合气体因受到火花或电弧等影响而发生的爆炸局限在接线盒内，阻止向周围的生产现场传爆，其外形如图6—23所示。隔爆型热电阻温度传感器一般用于有爆炸危险场所的温度测量。

图6—23　隔爆型热电阻温度传感器

三、热电阻的测量电路

1. 热电阻的测量电路

热电阻的测量电路常用惠斯通电桥电路。在实际应用中，热电阻敏感元件安装在生产现场，感受被测介质的温度变化，而测量电路则随测量、显示仪表安装在远离现场的控制室内，因此热电阻的引出线较长，引出线的电阻会对测量结果造成较大影响，容易形成测量误差。

为了克服环境温度的影响，常采用如图6—24所示的三线单臂电桥电路。在这种电路中，热电阻器的两根引线长度相同，引线的电阻值相等（即$R_1' = R_2'$），并被分配在两根相邻的桥臂中，那么由

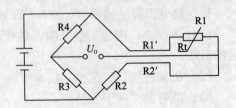

图6—24　热电阻的测量电路

于引线长度的变化以及环境温度变化引起的引线电阻值变化所造成的误差就可以相互抵消。

热电阻内部引线方式常用的还有二线制和四线制等，如图 6—25 所示。

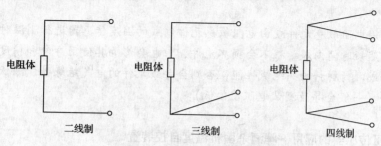

图 6—25　热电阻内部引线方式图

热电阻器的典型测量电路如图 6—26 所示。桥路的供电电源可采用恒流源或恒压源，桥路的输出电压较小，因此一般采用差动放大器予以放大，呈单端输出，以供显示、采集或控制所用。

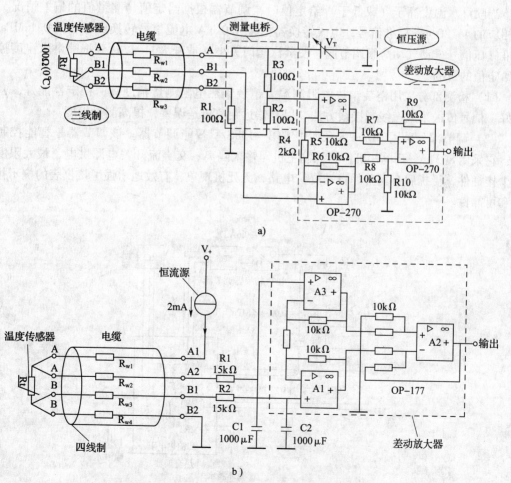

图 6—26　三线制、四线制实际测量接线图

a）三线制接线图　b）四线制接线图

提示

在直接使用电阻敏感元件或由电阻敏感元件制成的温度传感器进行测温时，应避免超过测温量程，虽然短时间内超量程不会损坏元件，但也会影响其使用寿命和精度；另外，必须保证点固材料或灌封材料的高绝缘性能，否则会导致元件的电气绝缘性能降低，并且影响元件的测试数据（一般会导致测试电阻值偏低）。

2. 热电阻传感器的应用—啤酒杀菌机温度自控装置

本例是一种由铠装热电阻 STB—138S 型智能调节器和启动薄膜调节阀组成的啤酒杀菌机自控装置。本杀菌机温控系统由检测、调节、执行机构三大部分组成，分6个回路对杀菌机8个温区的喷淋水温度进行定值控制。

如图6—27所示，用蒸汽作为调节介质的回路采用气开式的调节阀，调节形式为反作用。当喷淋水温度高于（或低于）给定值时，调节器根据给定值与测量值的偏差情况，输出相应的4~20 mA标准信号，电气转换器把4~20 mA电流信号转换成0.02~0.1 MPa的标准气压信号推动气动薄膜调节阀，使蒸汽阀门关小（或开大），以达到把喷淋水温度控制在给定值的目的。

（1）检测部分采用铠装铂热电阻测温。铠装铂热电阻测量精度高，稳定性能好，密封性好。信号传送采用三线制接线方法，以补偿远距离传送误差，提高测量精度。

（2）调节部分采用 DDZ—S 系列中 STB—138S 型智能调节器。该调节器是智能控制仪表，它采用 8031A—P 单片机作为控制主机。输入隔离、交直流开关电源供电，最大限度地减少接插件，受扰后有完善的自动复位电路，无死机现象，有效地增强了该仪表的抗干扰性能和可靠性。

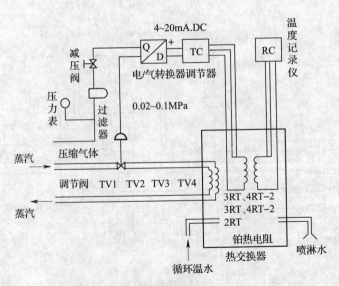

图6—27　啤酒杀菌机温度自控装置

（3）执行机构可选用国产各种型号的 4 ~ 20 mA 电/气转换器（注意其各项参数要与整个系统要求相符），选用 0.02 ~ 0.1 MPa 气动薄膜调节阀作为执行机构。薄膜阀为 ZMAP—16K$_N^D$ 型直线式，最好用双座阀，因其泄露量低，控制平稳。气动阀具有结构简单、动作安全可靠、性能稳定、价格低廉、维修方便等优点。

选用气开阀的作用：当压缩空气压力不足或停机时，阀门会自动关闭，阻止蒸汽继续进入加热器。

第四节　半导体温度传感器

在半导体温度传感器中，半导体热敏电阻、PN 结型热敏器件、集成（IC）温度传感器、半导体光纤温度传感器等都是接触型温度传感器；红外温度检测仪等是非接触型温度传感器。

一、半导体热敏电阻

半导体热敏电阻的特点是灵敏度高，体积小，反应快，它是利用半导体的电阻值随温度显著变化的特性制成的。它是某些金属氧化物按不同的配方比例烧结而成的。

在一定范围内，根据测量热敏电阻阻值的变化，便可知被测介质的温度变化。一般测温范围为 − 50 ~ 300℃。

1. 热敏电阻的分类

热敏电阻主要有三种类型，即正温度系数（PTC）型、负温度系数（NTC）型和临界温度系数（CTR）型。

（1）正温度系数型（PTC）

PTC 热敏电阻是由钛酸钡掺和稀土元素烧结而成的半导体陶瓷元件，具有正温度系数。其特性曲线随温度的升高而阻值增大，且有斜率最大的区段。通过成分配比和添加剂的改变，可使其斜率最大的区段处于不同的温度范围内。

（2）负温度系数型（NTC）

NTC 型热敏电阻主要由 Mn，Co，Ni，Fe 等金属的氧化物烧结而成，通过不同的材质组合，得到不同的温度特性。负温度系数的热敏电阻的特性是随着温度的升高，其电阻值下降，同时灵敏度也下降。根据需要可制成片状、棒状或珠状，如图 6—28 所示。

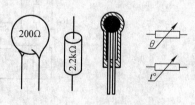

图 6—28　半导体热敏电阻

（3）临界温度系数型（CTR）

CTR 热敏电阻的特性是在某一特定温度下电阻值会发生突变的临界温度电阻器。各种热敏电阻的电阻—温度关系曲线如图 6—29 所示。

2. 热敏电阻的特点

（1）电阻温度系数大，灵敏度高，比一般金属电阻大 10 ~ 100 倍。

（2）结构简单，体积小，可以测量点温度。

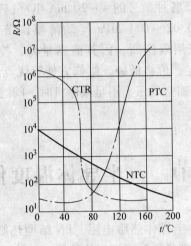

图 6—29　半导体热敏电阻特性

（3）电阻率高，热惯性小，适宜动态测量。

（4）阻值与温度变化呈非线性关系。

（5）稳定性和互换性较差。

3. 热敏电阻的应用

（1）液位报警器

图 6—30 所示为具有音乐报警的液位报警器，适用于电池电压为 6 V 的摩托车。图中，G 为 KD930 型音乐信号集成块；A 为 TWH8778 型功率放大集成块，在本电路中用脉冲放大器；R_{t1} 和 R_{t2} 构成旁热式 PTC 热敏电阻液位传感器。当传感器处于汽油中时，G 的 2 端触发电压低于 2 V，电路截止，扬声器 BL 不发声。当传感器露出液面后，R_{t2} 的阻值剧增，G 触发导通，输出音乐信号，并经 A 放大后推动 BL 发出足够的音乐报警声，为驾驶员提供加油信息。

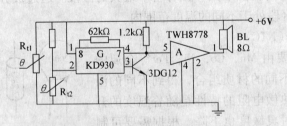

图 6—30　带音乐报警的液位报警器电路

（2）电动机保护器

电动机往往由于超负荷、缺相及机械传动部分发生故障等原因造成绕组发热，当温度超过电动机允许的最高温度时，将会使电动机烧坏。利用 PTC 热敏电阻具有正温度系数这一特性可实现电动机的过热保护。图 6—31 所示为电动机保护器电路。图中 R_{t1}，R_{t2}，R_{t3} 为三只特性相同的 PTC 开关型热敏电阻，为了保护的可靠性，热敏电阻应埋设在电动机绕组的端部。三个热敏电阻分别和 R_1，R_2，R_3 组成分压器，并通过 VD1，VD2，VD3 和单结晶体管 VT1 相连。当某一绕组过热时，绕组端部的热敏电阻的阻值将会急剧增大，使分压点的电压达到单结半导体的峰值电压时，VT1 导通，产生的脉冲触发晶闸管 VT2 导通，继电器 K 工作，常闭触点 K1 断开，切断接触器 KM 的供电电源，从而使电动机断电，电动机得到保护。

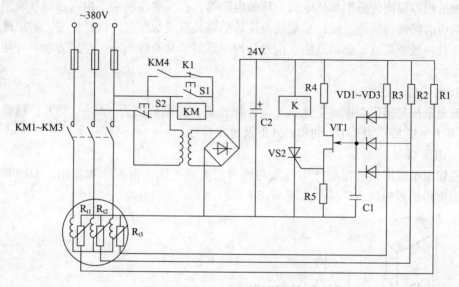

图 6—31　电动机保护器电路图

二、PN 结温度传感器

PN 结温度传感器是以半导体 PN 结的温度特性为基础进行工作的，具有较好的长期稳定性。当 PN 结的正向电流保持不变时，PN 结的正向压降随温度的升高而近似线性减小，大约以 $-2\ mV/℃$ 的斜率随温度变化，因此利用这一特性可以对温度进行测量。

PN 结温度传感器以晶体二极管和晶体三极管作为感温元件，其中晶体二极管温度传感器利用正向压降温度变化的关系工作，其结构简单，价格低廉；晶体三极管温度传感器则是利用发射结温度变化的关系进行工作，其测量精度较高，测温范围较宽（在 $-50\sim150℃$ 之间），可用于工业、医疗等领域的测温仪器。

PN 结型热敏器件特点如下：

1. 它与热敏电阻一样具有体积小、反应快的优点。

2. 线性较好且价格低廉，在不少仪表里用来进行温度补偿。

3. 特别适合对电子仪器或家用电器进行过热保护，也常用于简单的温度显示和控制。

4. 分立元件型 PN 结温度传感器也存在互换性和稳定性不够理想的缺点，集成化 PN 结温度传感器则把感温部分、放大部分和补偿部分封装在同一管壳内，性能比较一致，而且使用方便。

三、集成温度传感器

集成温度传感器具有体积小、线性好、反应灵敏等优点，应用十分广泛。集成温度传感器是把感温元件与有关的电子线路集成在很小的硅片上封装而成。由于感温元件不能耐高温，所以集成温度传感器通常测量 150℃ 以下的温度。

集成温度传感器可分为模拟型集成温度传感器和数字型集成温度传感器。模拟型集成温度传感器的输出信号形式有电压型和电流型两种；数字型集成温度传感器又可分为开关输出型、并行输出型、串行输出型等几种。

1. 模拟型集成温度传感器

传统的模拟温度传感器如热电偶、热敏电阻等，在一些温度范围内存在线性较差，热惯性大，响应时间慢等问题。模拟型集成温度传感器具有灵敏度高、线性度好、响应速度快等优点，并且一般都集成了驱动电路、信号处理电路等，具有体积小、使用方便、外接电路简单等优点。

（1）电压型

其输出电压与摄氏温度成正比，无须外部校正，测温范围为 $-55 \sim 155℃$，精确度可达 $0.5℃$。图 6—32 所示为 LM35 的塑料外形及电路符号。

（2）电流型

电流输出型温度传感器能产生一个与绝对温度成正比的电流作为输出，AD590 是电流输出型温度传感器的典型产品，如图 6—33 所示。

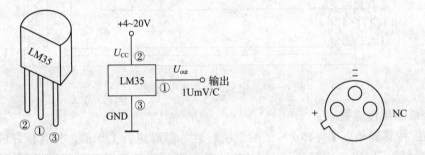

图 6—32　LM35 外形及电路符号　　　　图 6—33　AD590 封装

2. 数字集成温度传感器

数字集成温度传感器是把被测量的温度信号转化为数字信号输出的一种温度传感器。将测温 PN 结传感器、高精度放大器、多位 A/D 转换器、逻辑控制电路、接口电路等做在一块芯片中，可通过总线接口，将温度数据传送给单片机、PC、PLC 等上位机。由于采用了数字信号传输，所以不会产生模拟信号输出时的误差，抗电磁干扰能力也比模拟传输强很多。

3. 集成温度传感器的应用—数字式温度计

如图 6—34 所示，是由集成温度传感器 AD590 及 A/D 转换器 7106 等组成的数字式温度计电路。AD590 是一个电流输出型温度传感器，其线性电流输出为 $1 \mu A/℃$。该温度计在 $0 \sim 100℃$ 测温范围内的测量精度为 $±0.7℃$。电位器 RP1 用于调整基准电压，以达到满度调节，电位器 RP2 用于在 $0℃$ 时调零。当被测温度变化时，流过 R_1 的电流不同，使 A 点电位发生变化，检测此电位即能检测到被测温度的高低。

四、温度传感器的选择

在进行测量工作时，首先要解决的问题是根据具体的测量目标、测量对象及测量环境合理地选用温度传感器。系统测量精度的高低，在很大程度上取决于传感器的选用是否合理。选用温度传感器比选择其他类型的传感器所需要考虑的内容要多一些，大多数情况下，应主要考虑以下几个方面。

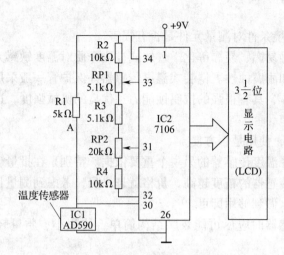

图6—34 数字式温度计电路图

1．被测对象的温度是否需记录，所测温度值是否应用于报警和自动控制，是否需要远距离测量和传送

首先根据测量对象及其所要求的测量功能来选定传感器的类型。因为测量系统的功能不同，要求传感器提供的信号也不同，比如温度报警，仅要求在设定温度点具有较高灵敏度；温度测量，则要求在测量范围内线性变化。两者选择使用的温度敏感元件完全不同。因此需要根据被测量的特点和传感器的使用条件，初步确定采用何种原理的温度传感器。

2．测温范围的大小和精度要求

选择温度传感器的另一重要依据是温度测量范围和测量精度。采用不同温度敏感元件的温度传感器测量的温度范围不同。合理选择温度敏感元件，可以提高传感器的灵敏度，使测量系统获得较高的信噪比，能够提高测量精度，使测量示值稳定、可靠。一般情况下，为提高传感器测量精度，便于信号处理，在测量范围相同的情况下，应尽量选择灵敏度较大的测温敏感元件。

3．测量环境对传感器机构大小是否有要求和限制

温度传感器的结构多种多样。为了确保合理的测量精度，必须在规定的测量时间内使温度敏感元件达到所测介质或被测表面的温度，而且要求与环境的各种热源隔离，因此必须通过温度传感器适当的结构设计与安装，使被测介质对敏感元件的热传导达到最佳状态。所以在选择温度传感器时，要根据温度传感器的安装位置及安装环境来选择温度传感器的类型与结构。比如铠装热电偶温度传感器，它的测温端可以随意弯曲而不会损坏内部元件，因此特别适宜安装在狭窄、弯曲的管道内或要求传感器反应迅速的测温场合。在空调出风口的温度传感器就可以选择体积特别小的热敏电阻作为温度敏感元件。

4．在被测对象随时间变化比较大的场合，温度传感器的动态响应时间能否适应测量要求

温度传感器的动态响应时间是选择传感器的另一个基本依据。当要监视某一环境温度的瞬时变化时，响应时间就成为选择传感器的决定因素。一般情况下，珠型热敏电阻和铠装露头型热电偶的响应时间相当小，而浸入式探头，特别是带有保护套的温度敏感元件，响应时

间比较大。

5．被测对象的环境条件对测量元件是否有损害

在生产现场有各种易燃、易爆等化学气体或被测介质对温度敏感元件有腐蚀可能时，应考虑传感器的防爆性和耐腐蚀性。铠装式温度传感器外保护管一般采用不锈钢，内部充满高密度氧化物质的绝缘体，具有很强的抗腐蚀能力和优良的机械强度，适合在与不锈钢兼容的恶劣环境下使用。

6．价格是否合理，使用是否方便

价格因素也是选择温度传感器的另一个重要依据。特别是在批量生产中，价格因素至关重要。一般情况下，传感器的精度越高，价格就越昂贵，考虑到测量目的，应从实际出发来选择温度传感器类型，做到够用即可。

总之，在选用传感器时应尽可能兼顾结构简单、体积小、质量轻、价格便宜、易于维修、易于更换等条件。

 本章小结

本章结合实例，系统地介绍了金属热电阻温度传感器、半导体温度传感器、热电偶温度传感器、集成温度传感器的原理、结构、应用等方面的知识。本章知识要点如下：

1．温度传感器是检测温度的器件，是能将温度的变化转换成其他物理量的变化后再进行测量的一种装置。

2．热电偶由两根不同的导体或半导体材料焊接或绞接而成，测温的精确度和灵敏度足够高，稳定性和复现性较好，动态响应快，测温范围广，电动势信号便于传送。按结构可分为普通型热电偶、铠装热电偶、薄膜热电偶。按连接方式可分为并联热电偶、串联热电偶。

3．热电偶回路中热电动势的大小，只与组成热电偶的导体材料和两接点的温度有关，而与热电偶的形状尺寸无关。

4．热电阻式温度传感器：利用导体或半导体的电阻值随温度变化而变化的特性来测量温度的感温元件叫做热电阻。金属热电阻器是中低温区最常用的一种测温敏感元件。它的主要特点是测量精度高，性能稳定。按性能及适用场合来分，热电阻温度传感器有以下几种：普通型热电阻温度传感器、铠装热电阻温度传感器、端面热电阻温度传感器、隔爆型热电阻温度传感器。

5．半导体温度传感器：半导体热敏电阻、PN 结型热敏器件、集成（IC）温度传感器、半导体光纤温度传感器等都是接触型温度传感器；红外温度检测仪等是非接触型温度传感器。

第七章

气敏传感器和湿敏传感器

在现代的生产生活中，常常需要对工作、生活或存储的场所的状态进行检测，如在矿井等施工场所，需要随时检测是否有有害气体和易燃易爆气体以避免事故的发生，在放置有某些精密仪器的场所则需要监测湿度是否符合要求以免影响仪器精确度等。这时，就需要用到气敏传感器和湿敏传感器。

第一节　气敏传感器

气敏传感器是一种能够检测环境中某种气体成分和气体浓度的一种器件，它能够将检测到的气体种类和浓度转换为电信号，从而进行检测、监控和报警。

表 7—1 为气敏传感器的主要检测对象及应用场合。

表 7—1　　气敏传感器的主要检测对象及应用场合

分类	检测对象气体	应用场合
易燃易爆气体	液化石油气、焦炉煤气、天然气 甲烷 氢气	家庭 煤矿 冶金、实验室
有毒气体	一氧化碳（没完全燃烧的煤气） 硫化氢 卤化物、氨气等	煤气灶 石油工业、制药厂 冶炼厂、化肥厂
环境气体	氧气（缺氧） 水蒸气 大气污染	地下工程、家庭 电子设备、汽车、温室 工业区
工业气体	燃烧过程气体控制、调节燃/空比 一氧化碳 水蒸气（食品加工）	内燃机、锅炉 内燃机、冶炼厂 电子灶
气体灾害	烟雾、司机呼出的酒精	火灾预报、事故预报

一、气敏传感器的分类

气敏传感器的种类很多，按照其工作机理不同可分为半导体气敏传感器（电阻型和非电阻型）、绝缘体传感器（接触燃烧式和电容式）、电化学式传感器（恒电位电解式、伽伐尼电池式）、红外吸收型传感器等。其中应用较为广泛的是半导体气敏传感器和接触燃烧式气敏传感器。

1．半导体气敏传感器

按照半导体变化的物理特性，可分为电阻型和非电阻型两类，见表7—2。

表7—2　　　　　　　　　　　　　　　半导体气敏传感器

类型	主要物理特性	传感器举例	工作温度	代表性被测气体
电阻式	表面控制型	氧化锡、氧化锌	室温～450℃	可燃性气体
	体控型	LaI－xSexCoO$_3$、FeO 氧化钛、氧化钴、氧化镁、氧化锡	300～450℃ 700℃以上	酒精、可燃性气体、氧气
非电阻式	表面电位	氧化银	室温	乙醇
	二极管整流特性	铂/硫化镉、铂/氧化钛	室温～200℃	氢气、一氧化碳、酒精
	晶体管特性	铂栅 MOS 场效应晶体管	150℃	氢气、硫化氢

（1）电阻型半导体气敏传感器。电阻型半导体气敏传感器是根据半导体接触到气体时其阻值的改变来检测气体的浓度，利用氧化锡、氧化锌等金属氧化物材料来制作敏感器件。

（2）非电阻型半导体气敏传感器。非电阻型半导体气敏传感器根据气体的吸附和反应使其某些特性发生变化而对气体进行直接或间接地检测。

2．接触燃烧式气敏传感器

接触燃烧式气敏传感器是基于强催化剂使气体在其表面燃烧时产生热量，使传感器温度上升，这种温度变化可使贵金属电极电导随之变化的原理而设计的。与半导体传感器不同的是，它几乎不受周围环境湿度的影响。

接触燃烧式气敏传感器廉价、精度低，但灵敏度较低，适合于检测 CH$_4$ 等爆炸性气体，不适合检测 CO 等有毒气体。

3．电容式气敏传感器

电容式气敏传感器是根据敏感材料吸附气体后其介电常数发生改变，导致电容变化的原理而设计。主要利用两个电极之间的化学电位差，一个电极用来在气体中测量气体浓度，另一个是固定的参比电极。

4．电化学式传感器

电化学式传感器采用恒电位电解方式和伽伐尼电势方式工作。有液体电解质和固体电解质之分，而液体电解质又分为电位型和电流型。电位型利用电极电势和气体浓度之间的关系进行测量；电流型采用极限电流原理，利用气体通过薄层透气膜或毛细孔扩散作为限流措施，获得稳定的传质条件，产生正比于气体浓度或分压的极限扩散电流。

5．红外吸收型传感器

红外吸收型传感器是当红外光通过待测气体时，气体分子对特定波长的红外光有吸收，通过光强的变化测出气体浓度的传感器。

二、常见气敏传感器的原理

半导体气敏传感器是利用气体吸附而使半导体的电导率发生变化的，利用这一原理进行检测的常用金属氧化物半导体主要有 SnO_2、ZnO、Fe_2O_3 等。

1. SnO_2 气敏元件

（1）SnO_2 气敏元件的工作原理

SnO_2 的熔点为 1 635℃，性能稳定，不溶于水，具有金红石结构，是一种 N 型半导体。气敏元件工作时必须加热，其目的是：加速被测气体的吸附、脱出过程，烧去气敏元件的油垢或污物，起清洗作用；控制不同的加热温度，能对不同的被测气体具有选择作用。加热温度与元件输出灵敏度有关，一般在 200 ~ 400℃时灵敏度较高。气敏元件被加热到稳定状态后，在被测气体接触元件的表面被吸附后，元件的电阻值就会产生较大的变化。

SnO_2 元件能与空气中电子亲和性大的气体（如 O_2 和 NO_2 等）发生反应，形成吸附氧，束缚晶体中的电子，从而使器件处于高阻状态。在与被测的还原性气体接触时，气体与吸附氧发生反应，将被氧束缚的电子释放出来，使器件电阻减小。N 型半导体气敏元件在检测中阻值变化的情况如图 7—1 所示。

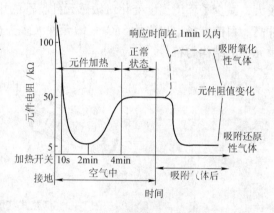

图 7—1　阻值变化曲线

（2）SnO_2 气敏元件的结构

SnO_2 气敏元件的结构中，目前常见的 SnO_2 系列气敏元件有烧结型、薄膜型和厚膜型三种。其中烧结型应用最多，而薄膜型和厚膜型的气敏性更具有潜力。

1）烧结型 SnO_2 气敏元件。烧结型 SnO_2 气敏元件是目前工艺最成熟的气敏元件。其敏感体是以粒径很小（平均≤1 μm）的 SnO_2 粉体为基本材料，与不同的添加剂均匀混合而成的。采用典型的陶瓷工艺制作，工艺简单，成本低廉，主要用于检测可燃的还原性气体。敏感元件的工作温度约为 300℃。加热方式可以分为直热式和旁热式两种类型。

直热式 SnO_2 气敏元件，又称内热式器件，其结构与符号如图 7—2 所示，由芯片（包括敏感体和加热器）、基座和金属防爆网罩三部分组成。芯片结构的特点是：在以 SnO_2 为主要

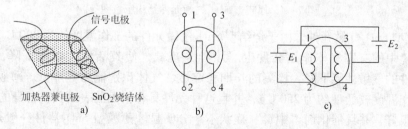

图 7—2　直热式气敏器件结构及符号

a）芯片结构　b）符号　c）应用连接方式

成分的烧结体中，埋设两根作为电极并兼作加热器的螺旋形铂—铱合金线（阻值为 2 ~ 5 Ω）。虽然结构简单，成本低廉，但其热容量小，易受环境气流的影响，稳定性较差。测量时，3 和 4 短接成一个电极，并与 1 组成测量电阻，如图 7—3c 所示，即与加热电路之间没有隔离，容易相互干扰，加热器与 SnO_2 基体之间由于热膨胀系数的差异，可能导致接触不良，最终可能造成元件的失效。因此，在生产实际中使用较少。

旁热式气敏元件是在一根内径为 0.8 μm，外径为 1.2 μm 的薄壁陶瓷管的两端设置一对金电极及铂—铱金丝引出线，然后在瓷管的外壁涂覆以基础材料配置的浆料层，经烧结后形成厚膜气体敏感层。在陶瓷管内放入一根螺旋形高电阻金属丝作为加热器（加热器电阻一般为 30 ~ 40 Ω）。这种管芯的测量电极与加热器分离，避免了相互干扰，而且元件的热容量较大，减少了环境温度变化对敏感元件特性的影响。其可靠性和使用寿命都较直热式气敏元件高。目前市场上出售的 SnO_2 气敏元件大多为这种结构形式，图 7—3 所示为旁热式 SnO_2 气敏元件的结构与符号。

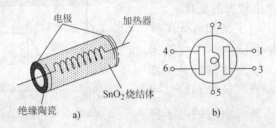

图 7—3　旁热式气敏元件结构及符号

a）管芯结构　b）符号

2）厚膜型 SnO_2 气敏元件。厚膜型 SnO_2 气敏元件是用丝网印刷技术将浆料印刷而成的，其机械强度和一致性都比较好，且与膜厚混合集成电路工艺能较好相容，可将气敏元件与阻容元件制作在同一基片上，利用微组装技术，与半导体集成电路芯片组装在一起，构成具有一定功能的器件。它一般由基片、加热器和气体敏感层三个主要部分组成，其结构如图 7—4 所示。

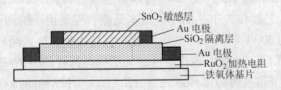

图 7—4　厚膜型 SnO_2 气敏元件结构示意图

3）薄膜型 SnO_2 气敏元件。由于烧结型 SnO_2 气敏元件的工作温度约为 300℃，此温度的贵金属与环境中的有害气体作用会发生"中毒"现象，使其活性大幅度下降，因而造成 SnO_2 气敏元件的气敏性能下降，检测的长期稳定性、气体识别能力等降低。薄膜型 SnO_2 气敏元件的工作温度较低（约为 250℃），并且这种元件具有很大的表面积，自身的活性较高，本身气敏性很好，并且催化剂"中毒"症状不十分明显。薄膜型 SnO_2 器件一般是在绝缘基板上蒸发或溅射一层 SnO_2 薄膜，再引出电极，具体结构如图 7—5 所示。器件对不同气体的气敏特性不同，如对乙醇气体的灵敏度很高，而对丁烷气体不灵敏。

　　SnO_2 微粒尺寸在 100 nm 以下的薄膜称为超微粒薄膜。超微粒薄膜型 SnO_2 气敏元件结构如图 7—6 所示。基片用 N 型硅，左边是气体敏感元件部分，它是由半导体平面工艺制成的加热电阻器、电极、SnO_2 超微粒薄膜等部分组成；右边是一个用来测量气敏元件工作温度的 PN 结热敏元件；在加热电阻器与测量电极之间有一层 SiO_2 绝缘层。超微粒 SnO_2 薄膜具有巨大的表面积和很高的表面活性，在较低温度下就能与吸附气体发生活性吸附，因而其功耗小，灵敏度高。并且这种元件以硅材料为基片，与半导体集成电路的制作有较好的工艺相容性，可与配套电路制作在同一基片上，便于推广应用，而且选择性能好，灵敏度高，响应时间和恢复时间短。

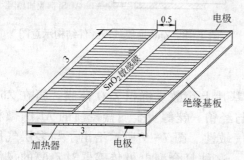

图 7—5　薄膜型气敏传感器结构

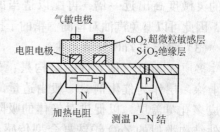

图 7—6　超微粒 SnO_2 薄膜气敏元件结构

（3）SnO_2 气敏元件测量电路

　　SnO_2 气敏元件测量电路如图 7—7 所示，图 7—7a 为直流电源供电，图 7—7b 和图 7—7c 为交流电源供电。图 7—7a 和图 7—7b 为旁热式气敏电阻电路，图 7—7c 为直热式气敏电阻电路。图中 U_H 为加热回路供电电压，U_C 为测试回路供电电压。负载电阻 R_L 上电压为 U_{RL}，式中 R_S 为气敏电阻元件的符号，则有：

$$U_{RL} = \frac{U_C R_L}{R_S + R_L} \qquad (7—1)$$

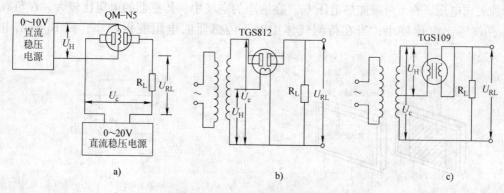

图 7—7　SnO_2 气敏电子测量电路

a）直流电源供电电路　b）旁热式气敏电阻电路　c）直热式气敏电阻电路

2. ZnO 气敏元件

　　氧化锌的物理、化学性能稳定，也是 N 型半导体，具有六方晶系纤锌矿型和立方晶系 NaCl 型结构。气敏元件的工作温度较高（400～500℃），ZnO 气敏元件也可分为烧结型、厚膜型和薄膜型三种。

（1）烧结型 ZnO 气敏元件

烧结型 ZnO 气敏元件的工作原理与 SnO₂ 相似。当使用铂作为催化剂时，ZnO 气敏元件对乙醇、丙烷、丁烷等有较高的灵敏度，而对氢、一氧化碳等的灵敏度却较低。以钯作催化剂时，ZnO 气敏元件对氢、一氧化碳等气体的灵敏度较高，而对烷类气体的灵敏度较低。

（2）薄膜型 ZnO 气敏元件

图 7—8 所示为氧化锌薄膜气敏元件的结构。这种气敏元件对乙醇特别敏感，对甲烷、一氧化碳及汽油等灵敏度较高，对乙醇的灵敏度比对汽油的灵敏度高出近一倍，再配以适当的辅助电路，因此可以避免汽油对检测酒精的干扰。

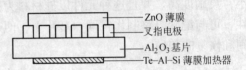

图 7—8 ZnO 薄膜气敏元件结构示意图

（3）多层式 ZnO 气敏元件

多层式 ZnO 气敏元件的结构是：先在绝缘基片上涂敷或沉积 ZnO 薄膜，再在 ZnO 层上涂一层作为催化剂，一般由适量的黏合剂与经铂、铑等贵金属盐浸渍的 Al₂O₃ 微粉构成多孔覆盖层，以促进对气体的吸附，提高气敏性。图 7—9 所示给出了与多层气敏元件结构类似的 ZnO 铂铑复合型传感器结构图。这种复合型电极传感器对乙醇的灵敏度较高。

3. γ—Fe₂O₃ 气敏元件

由于铁是过渡金属元素，是一种很好的催化剂，因此 γ—Fe₂O₃ 半导体不需要加入添加剂就可作气敏元件。γ—Fe₂O₃ 气敏元件对丙烷（C_3H_8）和异丁烷（$i - C_4H_{10}$）的灵敏度较高，这两种烷类正是液化石油气（LPG）的主要成分。因此，γ—Fe₂O₃ 气敏元件又称为"城市煤气传感器"。

三、常见气敏传感器的应用

半导体气敏传感器的基本工作电路如图 7—10 所示。负载电阻 R_L 串联在传感器中，其两端加工作电压，在 f 两端加热电压 U_f。在洁净的空气中，传感器的电阻比较大，在负载电阻 R_L 两端输出电压较小；当在待测气体中时，传感器的电阻变得较小，则 R_L 输出电压较大。

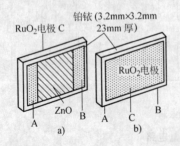

图 7—9 ZnO 铂铑复合型传感器结构图

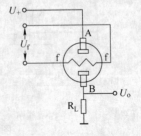

图 7—10 基本工作电路

1. 有害气体鉴别、报警与控制电路

此类电路一方面可以鉴别实验中有无有害气体产生，鉴别液体是否有挥发性；另一方面可自动控制排气扇排气，使室内空气清新。图7—11所示为有害气体鉴别、报警与控制电路。其中MQS2B是旁热式烟雾、有害气敏传感器，无有害气体时阻值较高（10 kΩ左右），当有有害气体或烟雾进入时阻值迅速下降，A、B两端电压下降，使得B端的电压升高，经电阻R_1和RP分压、R_2限流加到开关集成电路TWH8778的选通端⑤脚，当⑤脚电压达到预定值时（调节可调电阻RP可改变⑤脚的电压预定值），①、②两脚导通。+12 V电压加到继电器K上使其通电，K触头吸合，合上排气扇电源开关，自动排气。同时②脚上的+12 V电压经R_4限流和稳压二极管Vz稳压后供给微音器HTD电压，使其发出"嘀嘀"声，而且发光二极管发出红光，实现声光报警。

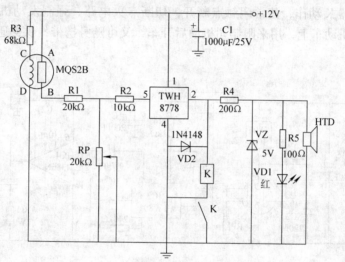

图7—11　有害气体鉴别、报警与控制电路

2. 瓦斯报警器

报警器电路如图7—12所示，这种瓦斯报警器适用于小型煤矿及家庭。气敏电阻QM与电位器RP组成气体检测电路，时基电路555和其外围元件组成多谐振荡器。当无瓦斯气体时，气敏电阻QM的AB间的导电率很小，其电阻很大，电位器RP活动触头的输出电压很小，555集成电路的4脚被强行复位，振荡器不工作，报警器不报警。当周围空气中有瓦斯气体时，AB间的导电率迅速增加，AB间电阻减小，RP滑动触电输出的电压升高，555集成电路的4脚变为高电平，振荡器电路起振，扬声器发出报警声。调节RP可以调整气体的报警浓度。

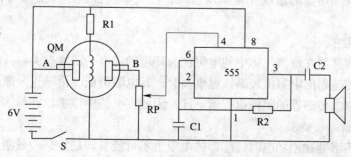

图7—12　瓦斯报警器电路

3. 酒精检测报警器

酒精检测报警器必须选用对酒精敏感的 QM－NJ9 型酒精传感器，要求当检测器接触到酒精气味后，立即发出连续不断的"酒后别开车"的响亮语音报警，并切断车辆的点火电路，强制车辆熄火。

图 7—13 所示为酒精检测报警控制器电路原理图。图中三端稳压器 7805 将传感器的加热电压稳定在 5 V，保证该传感器工作稳定，具有较高的灵敏度。当检测元件接触酒精气味后，B 点电压升高，且电压值随检测到的酒精浓度增大而升高。当该点电压达到 1.6 V 时，使 IC2 导通，使 IC3 得电，语音报警电路 IC3 就输出连续不断地发出"酒后别开车"语音报警声。同时继电器 K 动作，其常闭触点断开，切断点火电路，强制发动机熄火。该报警器既可安装在各种机动车上，用来限制司机酒后开车，又可随身携带，供交通管理人员进行交通现场检测。

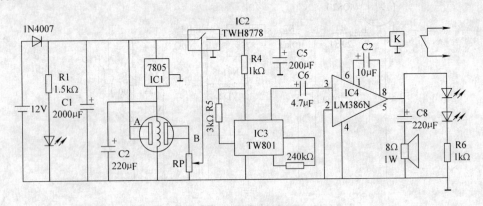

图 7—13 酒精检测报警控制器电路

4. 气敏传感器的使用注意事项

（1）工作环境注意清洁

气敏电阻在使用时应尽量避免置于油污、灰尘环境中，以免老化。同时在工作时必须使其加热到 200～300℃，其目的是加速被测气体的化学吸附和电离的过程，并烧去气敏电阻表面的污物，起到清洁的作用。

（2）工作电压要稳定

一般气敏元件的工作电压不高，为 3～10 V。其工作电压，特别是供给加热的电压必须稳定，否则将导致加热器的温度变化幅度过大，使气敏元件的工作点漂移，影响检测的准确性。

（3）温度补偿

半导体气敏传感器在待测气体中的电阻值与环境的温度、湿度有关。一般情况下，当环境温度较低时，传感器的电阻值较高；温度高时，其电阻值低。由于这一原因，即使在相同浓度的待测气体中，传感器的阻值也有所不同，因此在电路中应加以补偿。

（4）延时控制

半导体气敏传感器在刚加电时传感器的电阻值不可能立即稳定，一般刚通电时传感器呈现非常低的低阻状态，然后逐渐进入高阻状态并稳定下来。这是由于断电时传感器元件的表面吸附着水分和杂散气体，随着通电开始，这些水分和杂散气体逐渐脱离，进而使得传感器的表面趋于稳定。通常情况下，这类传感器的电阻值在通电开始数分钟后才能进入稳定状态。因此通常采用延时控制电路，避免在通电初期电阻值不稳定的时候出现误报。

第二节　　湿敏传感器

随着现代工农业技术的发展及生活条件的提高，湿度的检测与控制成为生产和生活中不可缺少的手段。例如：大规模集成电路生产车间，当其相对湿度低于 30% 时，容易产生静电而影响生产；一些粉尘大的车间，当湿度小而产生静电时，容易产生爆炸；一些仓库（如存放烟草、茶叶和中药材等）在湿度过大时易发生变质或霉变现象。在农业上，先进的工厂式育苗、蔬菜棚、食用菌培养与生产、水果及蔬菜的保鲜等都离不开湿度的检测与控制。

所谓湿敏传感器是指能够检测环境湿度的变化并能够将湿度变化信号转换成为电信号的一种传感器。

一、湿度的基本概念与湿敏传感器的分类

1. 湿度表示法

空气中通常含有水蒸气，在测量时用湿度来描述，其表示方法主要有绝对湿度、相对湿度、露点（霜点）等表示法。

（1）绝对湿度

空气的绝对湿度表示为单位体积空气里所含水蒸气的质量，即空气中水蒸气的密度。一般用 1 m^3 空气中所含水蒸气的克数表示。

$$Ha = \frac{m_v}{v} \qquad\qquad (7—2)$$

式中　Ha——待测空气的绝对湿度，g/m^3；

　　　m_v——待测空气中水蒸气的质量，g；

　　　v——待测空气的总体积，m^3；

（2）相对湿度

相对湿度是空气中实际所含水蒸气的分压与相同温度下饱和水蒸气的分压之比的百分数，这是一个无量纲量，一般用 %RH 来表示。相对湿度描述较方便，因此，常常使用相对湿度。即：

$$H_T = \left(\frac{P_W}{P_N}\right)_T \times 100\% \text{RH} \qquad\qquad (7—3)$$

式中　H_T——相对湿度；

　　　P_W——空气温度为 T 时的水蒸气分压，Pa；

　　　P_N——相同温度下饱和水蒸气分压，Pa。

表 7—3 给出了标准大气压下不同温度时饱和水蒸气分压的数值。

表7—3 不同温度时的饱和水蒸气分压的数值（单位133 Pa）

$t/℃$	P_N	$t/℃$	P_N	$t/℃$	P_N	$t/℃$	P_N
-20	0.77	-9	2.13	2	5.29	22	19.83
-19	0.85	-8	2.32	3	5.69	23	21.07
-18	0.94	-7	2.53	4	6.10	24	22.38
-17	1.03	-6	2.76	5	6.45	25	23.87
-16	1.13	-5	3.01	6	7.01	30	31.82
-15	1.24	-4	3.28	7	7.51	40	55.32
-14	1.36	-3	3.57	8	8.05	50	92.50
-13	1.49	-2	3.88	9	8.61	60	149.4
-12	1.63	-1	4.22	10	9.21	70	233.7
-11	1.78	0	4.58	20	17.54	80	355.7
-10	1.93	1	44.93	21	18.65	100	760.0

如果已知空气的温度和空气水蒸气分压 P_W，利用表7—4可以查得温度为 t 时的饱和水蒸气分压 P_N，利用相对湿度公式就能计算出此时空气相对湿度。

（3）露（霜）点

由于饱和空气中的水蒸气分压是随着环境温度的降低而逐渐下降的，则空气温度越低时，其水蒸气分压与同温度下的饱和水蒸气分压差值就越小。当温度下降到某一温度时，其空气中水蒸气分压与同温度下的饱和水蒸气分压相等，此时空气中的水蒸气将向液相转化而凝结为露珠，其相对湿度为100%RH，这一特定的温度被称为空气的露点温度（简称露点）。

如果这一特定温度低于0℃，水蒸气将会结霜，因此，又可称为霜点温度，通常两者统称为露点。空气中水蒸气分压越小，露点越低。因此，只要知道待测空气的露点温度，通过表7—4就可以查到该露点温度下的饱和水蒸气分压，这个饱和水蒸气分压也就是待测空气的水蒸气分压。

2. 湿敏传感器的分类

水分子具有易于吸附在固体表面并渗透到固体内部的特性，利用水分子这一特性制成的湿度传感器称为水分子亲和力型传感器，而把与水分子亲和力无关的湿度传感器称为非水分子亲和力型传感器。

目前在现代工业中使用的湿度传感器大部分都是水分子亲和力型传感器。水分子亲和力型传感器按照其输出电信号的种类又可分为电阻型和电容型。电阻型湿敏传感器能够将湿度变化信号转换为电阻变化信号；电容型湿敏传感器能够将湿度变化信号转换成介电常数变化，再转换成与湿度成正比的电容量变化。

二、湿敏传感器的主要参数

1. 湿度量程

量程就是湿敏传感器技术规范中所规定的感湿范围。全湿度范围用相对湿度（0～100)%RH表示，量程是湿敏传感器工作性能的一项重要指标。对通用型湿敏传感器，希望它的量程要宽。对应用来说，其量程却并非越宽越好，这里还要考虑灵敏度和成本。在低湿或者抽真空情况下用的低湿传感器，主要是要求它在低湿的情况下要有足够高的灵敏度，并不要求它有很宽的测湿范围；同样，在高湿的情况下也是如此。事实上，各种湿敏传感器的量程各不相同。

2. 感湿灵敏度

感湿灵敏度，又叫湿度系数。它的定义是：在某一相对湿度范围内，相对湿度改变 1%RH 时，湿敏传感器电参数的变化值或百分率。不同的湿敏传感器，对灵敏度的要求各不相同，对于低湿型或高湿型的湿度传感器，它们的量程较窄，但要求灵敏度很高。但对于全湿型湿敏传感器，并非灵敏度越大越好，因为电阻值的动态范围很宽，这反而给配置二次仪表带来不利，所以灵敏度的大小要适当。

3. 感湿温度系数

感湿温度系数是反映湿度传感器温度特性的另一个比较直观、实用的物理量。它表示在两个规定的温度下，湿敏传感器的电阻值（或电容值）达到相等时，其对应的相对湿度之差与两个规定温度变化量之比。或者说，是环境每变化 1℃ 时，所引起的湿敏传感器的湿度误差。即：

$$\%RH/℃ = \frac{H_2 - H_1}{\Delta T} \tag{7—4}$$

式中　ΔT——温度为 25℃ 时与另一规定环境温度之差，℃；

　　　H_1——温度为 25℃ 时湿敏传感器某一电阻（电容）值对应的相对湿度值；

　　　H_2——另一规定环境温度下湿敏传感器另一电阻（电容）值对应的相对湿度值。

图 7—14 所示为感湿温度系数示意图。

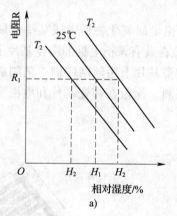 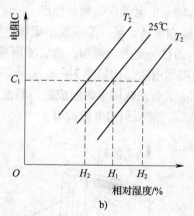

图 7—14　感湿温度系数示意图

a）电阻型　b）电容型

4. 响应时间

响应时间也称时间常数，是反映湿敏传感器相对湿度发生变化时起反应速度的快慢。其定义是：在一定温度下，当相对湿度发生跃变时，湿敏传感器的电参量达到稳态变化的规定比例所需要的时间。一般以相对的起始和终止这一相对湿度变化区间的 63% 作为相对湿度变化所需要的时间，即响应时间，单位为 s。也有规定从起始到终止这一相对湿度变化区间的 90% 作为相对湿度变化的响应时间的。响应时间又分为吸湿响应时间和脱湿响应时间。

大多数湿敏传感器都是脱湿响应时间大于吸湿响应时间，一般以脱湿响应时间作为湿敏传感器的响应时间。

5．电压特性

当用湿敏传感器测量湿度时，所加的测试电压不能用直流电压。这是由于加直流电压会引起感湿体内水分子的电解，致使电导率随时间的增加而下降，因此，测量时只能采用交流电压。当交流电压大于 15 V 时，由于产生焦耳热的元件对湿敏传感器的电阻会产生较大影响，因而一般湿敏传感器的适用电压都小于 10 V。

三、常用湿敏传感器的基本知识

1．湿敏电阻型传感器

湿敏电阻型传感器主要由感湿层、电极和具有一定机械强度的绝缘基片构成，感湿层在吸收环境中的水分后引起电阻率的变化，从而将湿度的变化转换成电阻的变化。目前使用较多的湿敏电阻主要有金属氧化物半导体陶瓷湿敏电阻、有机高分子膜湿敏电阻和氯化锂湿敏电阻等。

（1）金属氧化物半导体陶瓷湿敏电阻

1）烧结型湿敏电阻。铬酸镁—氧化钛（$MgCr_2O_4—TiO_2$）半导体陶瓷湿敏电阻是烧结型湿敏电阻中的一种，它的结构如图 7—15 所示。在 $MgCr_2O_4$ 原料中加入 30% 的 TiO_2，于 1 300℃的温度下烧结成陶瓷体，切割成所需薄皮，在薄皮的两面印制并烧结叉指型氧化钌电极，制成感湿体。感湿体外面安装有镍铬丝烧制而成的加热清洗线圈，以便对元件进行加热清洗，排除油污、有机物和尘埃等有害物质对元件的污染。感湿体和加热线圈安装在高度致密的疏水性陶瓷（Al_2O_3）基片上。在测量电极周围设置了隔漏环，避免电极之间因吸湿和玷污而引起的漏电电流影响测量精度。

2）涂覆膜型湿敏电阻。涂覆膜型湿敏电阻是由金属氧化物粉末或某些金属氧化物烧结体研磨成粉末通过一定方式调和，然后喷洒或涂敷在具有叉指电极的陶瓷基片上制成的。涂覆膜型 Fe_3O_4 湿敏电阻结构如图 7—16 所示，在陶瓷基片上用丝网印刷工艺制成梳状钯银电极，将纯净 Fe_3O_4 的胶粒用水调制成适当黏度的浆料，涂敷在陶瓷基片和电极上，经低温烘干使之固化成膜，然后引出电极即可。

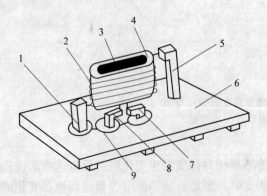

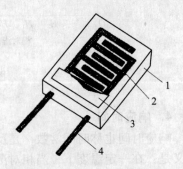

图 7—15　烧结性湿敏电阻的结构

1、5—加热器引线　2—加热器　3—RuO2（氧化钌）电极

4—感湿体　6—陶瓷基片　7、8—测量电极　9—隔漏环

图 7—16　涂覆膜型湿敏传感器

1—陶瓷基片　2—梳状电极

3—感湿膜　4—电极

涂敷膜型 Fe_3O_4 湿敏电阻工艺简单、价格便宜，在常温、常湿下性能稳定，有较强的抗结露能力，但其响应速度慢，有较明显的湿滞效应，适用于在工作精度要求不高的场合。

（2）有机高分子膜湿敏电阻

高分子湿敏电阻传感器是目前发展较为迅速、应用较广的一类新型湿敏电阻传感器。它的结构与涂覆膜型湿敏电阻相似，如图 7—17 所示，只是吸湿材料使用高分子固体电解质材料（如高氯酸锂—聚氯乙烯、亲水性基的有机硅氧烷、四乙基硅烷的共聚膜等）作为感湿膜。

（3）氯化锂湿敏电阻

氯化锂湿敏电阻属于电解质湿度传感器。电解质是以离子形式导电的物质，分为固体电解质和液体电解质两种。若物质溶于水中，在极性水分子作用下，能全部或部分地离解为自由移动的正、负离子，称为液体电解质。电解质溶液的电导率与溶液的浓度有关，而溶液的浓度在一定温度下又是环境相对湿度的函数。

氯化锂湿敏电阻的结构如图 7—18 所示，是在聚苯乙烯圆管上做出两条相互平行的铝引线作为电极，在该聚苯乙烯管上涂覆一层经过适当碱化处理的聚乙烯醋酸盐和氯化锂水溶液的混合液，以形成均匀感湿膜。

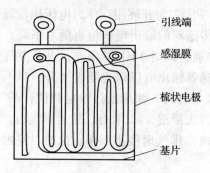

图 7—17 有机高分子膜湿敏电阻

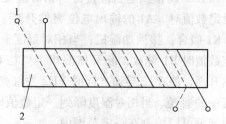

图 7—18 氯化锂湿敏电阻示意图
1—为用聚乙烯醋酸盐覆盖在 2 上的铝丝
2—用聚苯乙烯包装的铝管

氯化锂湿敏电阻的线性测湿量程较窄，大约为 20% RH，在该测量范围内，其线性误差小于 2% RH。但是要想在全范围湿度测量环境中使用氯化锂湿敏电阻进行测量，若只采用一个传感器件，由于其检测范围窄，就很难实现，因此，通常把不同感湿范围（氯化锂含量不同）的单片氯化锂湿敏电阻结合起来，其检测范围能达到 20% ~90% 的相对湿度。

2. 电容式湿度传感器

高分子电容式湿度传感器是利用高分子材料（聚苯乙烯、聚酰亚胺、醋酸醋酸纤维等）吸水后，其介电常数发生变化的特性进行工作的，传感器结构如图 7—19 所示，它是在绝缘衬底上制作一对平板金

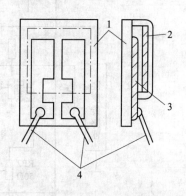

图 7—19 高分子电容式湿敏传感器结构
1—微晶玻璃衬底 2—多孔浮置电极
3—高分子薄膜 4—电极引脚

（Au）电极，然后在上面涂敷一层均匀的高分子感湿膜做电解质，在表层以镀膜的方法制作多孔浮置电极（Au膜电极），形成串联电容。由于高分子薄膜上的电极是很薄的金属微孔蒸发膜，水分子可以通过两端的电极被水分子薄膜吸附或释放，当高分子薄膜吸附水分后，由于高分子介质的介电常数（3~6）远远小于水的介电常数（81），所以介质中水的成分对总介电常数的影响比较大，使元件总电容发生变化，因此只要检测出电容即可测得相对湿度。

由于电容式湿度传感器的湿度检测范围宽、线性好，因此很多湿度计都是采用电容式湿度传感器作为传感器器件。

3. 结露传感器

结露传感器是一种特殊的湿敏传感器，它与一般湿敏传感器的不同之处在于其对低湿不敏感，仅对高湿敏感，主要用来检测物体表面是否附着有水蒸气凝结成的水滴，所以结露传感器一般不用于测湿，而作为提供开关信号的结露信号器，用于自动控制或报警。

四、湿敏传感器的应用

1. 房间湿敏控制器

由湿敏传感器制作的房间湿敏控制器如图7—20所示。传感器的相对湿度为0~100% RH时所对应的输出信号为0~100 mV。将传感器输出信号分成三路，分别接在A1的反相输入端、A2的同相输入端和显示器的正输入端。A1和A2为开环用，作为电压比较器。将RP1和RP2调整到适当位置，当相对湿度下降时，传感器的输出电压值也随着下降，当降到设定数值时，A1的输出电位突然升高，使VT1导通，同时VH1发绿光，表示空气太干燥，K1吸合，接通加湿机；当相对湿度上升时，传感器输出电压值也随着上升，当上升到一定数值时K1释放，断开加湿机。当相对湿度继续上升时，如果超过设定数值，A2输出突然升高，使VT2导通，同时VH2发红光，表示空气太潮湿，K2吸合，接通排气扇，除去空气中的潮气。当相对湿度降到一定数值时，K2释放，排气扇停止工作。这样，室内的相对湿度就可以控制在一定范围内。

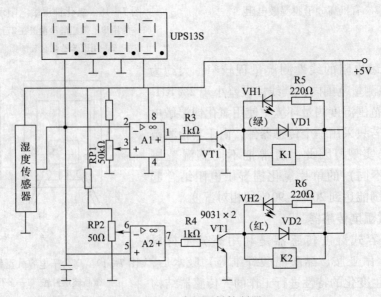

图7—20 房间湿敏控制器

2. 智能湿敏测量仪

由 HM1500/1520 型湿敏传感器和单片机构成的智能湿敏测量仪电路如图 7—21 所示，仪表采用 +5 V 电源，配 4 只共阴极 LED 数码管。电路中共使用了 3 片 IC：IC1 为 HM1500/1520 型湿敏传感器，IC2 是带 10 位 ADC 的单片机 PIC16F874，IC3 为 7 个达林顿反相驱动器阵列 MC1413。仪表读数过程的流程图如图 7—22 所示。

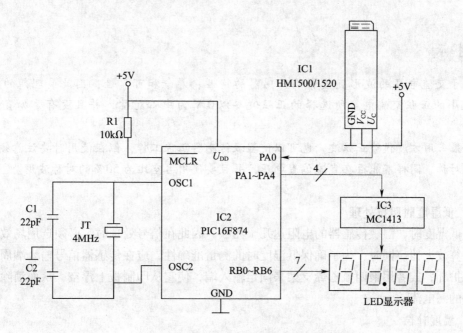

图 7—21　由湿度传感器和单片机构成的智能湿度测量仪电路

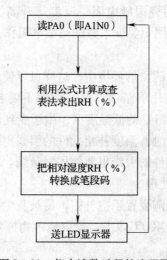

图 7—22　仪表读数过程的流程图

五、湿敏传感器使用注意事项

1. 供电电压要符合要求

湿敏传感器应使用交流电源供电。若湿敏传感器采用直流供电，会使湿敏材料极化，吸附的水分子电离，导致灵敏度降低，性能变坏；另外，电解质湿敏传感器的电导是靠离子的移动实现的，在直流电源的作用下，正、负离子必然向电源两极运动，产生电解作用，使感湿层变薄甚至被破坏，而在交流电源作用下，正、负离子往返运动，不会产生电解作用，感湿膜不会被破坏。

提示

由于交流电压的波形直接影响传感器的特性、寿命和可靠性，因此最理想的是选用失真较小的正弦交流电。所选择的正弦波要以 0 V 为中心对称，并且没有叠加直流偏置信号。

如果采用方波代替正弦波，也可以使湿敏传感器正常工作，但在使用时要注意须以 0 V 为中心对称，同样不能存在直流偏置电压，并且要使用占空比为 50% 的对称波形。

2. 低湿度时阻抗处理

在低湿度时，湿敏传感器的电阻达几十兆欧，因此在信号处理时，必须选用场效应管输入型运算放大器。同时，为了确保低湿度时的测量准确性，应在传感器信号输入端周围制作电路保护环，或者用聚四氟乙烯支架来固定输入端，使它从印制板上浮空，从而消除来自其他电路的漏电流。

3. 温度补偿

湿敏传感器具有正的或者负的温度系数，使其测量精度与温度有关，因此要进行温度补偿。例如，金属氧化物半导体陶瓷湿敏电阻，温度每升高 1℃，电阻下降引起的误差约为 1% RH。在实际应用中，通常使用负温度系数的热敏电阻作为温度补偿元件。

4. 传感器引线

湿敏传感器需要安装在空气流动的环境中，这样可以使传感器的响应速度快。延长传感器的引线时要注意：延长线应使用屏蔽线，最长距离不要超过 1 m，裸露部分的引线尽量短；特别是在（10% RH ~ 20% RH）的低湿度区，由于受到的影响较大，必须对测量值和精度进行再确认；在进行温度补偿时，温度补偿元件的引线也要同时延长，使它尽可能靠近湿敏传感器安装，同样温度补偿元件的引线也要使用屏蔽线。

5. 烧结型湿敏电阻的加热处理

由于烧结型湿敏电阻的多孔陶瓷置于空气中，易被灰尘、油烟污染，从而堵塞气孔，使感湿面积下降。如果将其加热到 400℃ 以上，就可使污物挥发或烧掉，使陶瓷恢复到初始状态，所以必须定期给加热丝通电。

另外，陶瓷湿敏电阻吸湿快，而脱湿要慢许多，从而产生滞后现象，称为湿滞。当吸附的水分不能全部脱出时，会造成重现性误差及测量误差，这时可以用重新加热脱湿的方法来解决，即每次使用前应先加热 1 min 左右，待其冷却到室温后，方可进行测量。

本章小结

本章介绍了各种其他传感器和湿度传感器的结构、工作原理和应用。本章知识要点如下：

1. 气敏传感器按照其工作机理不同，可分为半导体气敏传感器（电阻型和非电阻型）、绝缘体传感器（接触燃烧式和电容式）、电化学式传感器（恒电位电解式、伽伐尼电池式）和红外吸收型传感器等。其中应用较为广泛的是半导体气敏传感器和接触燃烧式气敏传感器。

2. 半导体气敏传感器是利用气体吸附而使半导体的电导率发生变化的，利用这一原理进行检测的常用金属氧化物半导体主要有 SnO_2、ZnO、Fe_2O_3 等。

3. 湿敏传感器是指能够检测环境湿度的变化并能够将湿度变化信号转换成为电信号的一种传感器。

4. 湿敏电阻主要有金属氧化物半导体陶瓷湿敏电阻、有机高分子膜湿敏电阻和氯化锂湿敏电阻等。

5. 高分子电容式湿度传感器是利用高分子材料（聚苯乙烯、聚酰亚胺、酯酸醋酸纤维等）吸水后，其介电常数发生变化的特性进行工作的，很多湿度计都是采用电容式湿度传感器作为传感器器件。

6. 结露传感器主要用来检测物体表面是否附着有水蒸气凝结成的水滴，所以结露传感器一般不用于测湿，而作为提供开关信号的结露信号器，用于自动控制或报警。

第八章

其他新型传感器

随着科学技术的不断发展，生物技术、超声波技术、微波技术、机器人技术等高新技术已越来越广泛地在传感器产品中得到了应用。这些技术的应用大大提高了传感器的性能、增强了传感器的功能。

第一节　　生物传感器

生物传感器是利用生物活性物质来选择性识别和测定生物化学物质的传感器，是分子生物学与微电子学、电化学、光学相结合的产物，是在基础传感器上耦合一个生物敏感膜而形成的新型器件，将成为生命科学与信息科学之间的桥梁。

被测物质经扩散作用进入生物敏感膜层，经分子识别，发生生物学反应（物理、化学变化）。产生物理、化学现象或产生新的化学物质，其所产生的信息可以通过相应的化学或物理换能器转变成可定量和可显示的电信号，使用相应的变换器将其转换成定量和可传输、处理的电信号，就可知道被测物质的浓度。通过不同的感受器与换能器的组合可以开发出多种生物传感器。

一、生物传感器的基本知识

将生物体的成分（酶、抗原、抗体、DNA、激素）或生物体本身（细胞、细胞器、组织）固定在某一器件上作为敏感元件的传感器称为生物传感器。迄今大量研究的生物传感器其基本组成如图 8—1 所示。生物传感器性能的好坏主要取决于分子识别部分的生物敏感

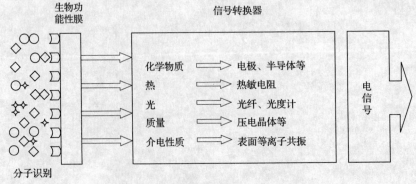

图 8—1　生物传感器的基本组成

　　膜转换器是生物传感器的关键部位，它通常呈膜状，又由于是待测物的感受器，所以又将其称为生物敏感膜。可以认为，生物敏感膜是基于伴有物理和化学变化的生化反应分子识别膜元件。

　　生物敏感膜由敏感材料和基质材料组成。见表8—1。

表8—1　　　　　　　　　　　　　　　　　生物敏感膜

敏感材料			基质材料
组织	细胞	生物大分子	
动物组织，猪肾、肌肉等	细菌，大肠杆菌、枯草杆菌及某些霉菌等	酶、单克隆抗体	常用的基质材料有乙酸纤维素、凝胶、海藻酸、聚氯乙烯、硅橡胶等
植物组织，香蕉、番茄等	细胞、细胞器及细胞膜等	受体、激素	

1.　生物传感器的分类

（1）按敏感材料分

　　生物传感器中，分子识别元件上所用的敏感物质有酶、微生物、动植物组织、细胞器、抗原和抗体等。根据所用的敏感物质可将生物传感器分为酶传感器、微生物传感器、组织传感器、细胞传感器、免疫传感器、基因传感器等。

（2）根据转换器分

　　生物传感器的信号转换器有：电化学电极、离子敏场效应管晶体管、热敏电阻、光电转换器等。据此又将生物传感器分为电化生物传感器、半导体生物传感器、测热型生物传感器、测光型生物传感器、测声型生物传感器等。

（3）按生物传感器的输出分

　　1）生物亲和型传感器。被测物质与分子识别元件上的敏感物质具有生物亲和作用，即两者能特异地相结合，同时引起敏感材料的分子结构或固定介质发生变化，例如电荷、温度、光学性质等的变化。

　　2）代谢型或催化型传感器。被测物与分子识别元件上的敏感物质相互作用并生成产物，信号转换器将被测物的消耗或产物的增加转变为输出信号，这类传感器称为代谢型或催化型传感器。

2.　生物传感器的特点

（1）生物传感器由选择性好的主题材料构成分子识别元件，因此，一般不需进行样品的预处理，它利用优异的选择性把样品中被测组分的分离和检测统一为一体。测定时一般不需另加其他试剂。

（2）体积小，可以实现连续在位检测。

（3）响应快、样品用量少，且由于敏感材料是固化的，所以可以反复多次使用。

（4）传感器连同测定仪的成本远低于大型的分析仪器，因而便于推广普及。

二、生物传感器的应用与发展

1.　生物传感器的应用

（1）生物传感器在医学领域的应用

1）用于临床诊断的生物传感器。生物传感器可以广泛应用于对体液中的微量蛋白（如肿瘤标志物、特异性抗体、神经递质）、小分子有机物（如葡萄糖、乳酸及各种药物的体内浓度）、核酸（如病原微生物、异常基因）等多种物质的检测。便携式生物传感器由于可用于床边检测，近年来受到青睐，如现在已有的便携式电流型免疫传感器用于检测甲胎蛋白、检测血清中总 IgE 水平的置换式安培型免疫传感器，检测神经递质、血糖、尿酸、乳酸、胆固醇浓度等的传感器以及扫描电化学检测技术利用阵列式微电极检测血液中变态反应性炎症介质的传感器，只需 20 μL 全血即可测知患者的变应原。

2）用于基因诊断的检测。生物传感器在基因诊断领域具有极大优势，可望广泛应用于基因分析和肿瘤的早期诊断。据报道，构建的石英晶体 DNA 传感器用于遗传性地中海贫血的突变基因诊断。

3）用于生化指标的测定。糖类、氨基酸、抗生素、大环分子、乙醇、BOD、谷胱氨酸、乳酸及甘油的生物传感器。

4）用于遗传物质的测定。如用于测定 DNA 和 RNA 的光线生物传感器，可对 DNA 和 RNA 定量。在法医学中，生物传感器可用于 DNA 亲子认证等。

5）用于药物分析。用于药物分析的生物传感器主要有电化学及光生物传感器。如利用胆碱酯酶测定盐酸苯海拉明的电流型生物传感器，用于单克隆体抗体；光生物传感器应用于药物分析的不多，但可测定可卡因的流体免疫光学传感器、测定青霉素 G 的光生物传感器等发展比较迅速。

2. 生物传感器的发展

近年来，随着生物科学、信息科学和材料科学的发展，生物传感器技术也得到飞速发展。目前，生物传感器正朝着功能多样化、微型化、智能化以及高灵敏度、高稳定性和高寿命方向发展。

（1）功能多样化

未来的生物传感器将进一步涉及医疗保险、疾病诊断、食品检测、环境检测等各个领域。目前，生物传感器研究中的重要内容之一就是研究能代替生物视觉、听觉和触觉等感觉器官的生物传感器。

（2）微型化

随着微加工技术和纳米技术的进步，生物传感器将不断地微型化，各种便携式生物传感器的出现使人们在家中就可以进行疾病诊断、在市场上直接检测食品等。

（3）智能化与集成化

未来的生物传感器必定与计算机等技术紧密结合，自动采集数据、处理数据，更科学、更准确地提供结果，实现采样、进样、结果一条龙，形成检测自动化系统。同时，芯片技术将越来越多地进入传感器领域，实现检测系统的集成化、一体化。

（4）低成本、高灵敏度、高稳定性和高寿命

生物传感器技术不断进步，必然要求不断降低产品成本，提高灵敏度、稳定性和延长寿命。这些特性的改善也会加速生物传感器市场化、商品化的进程。

第二节　　超声波传感器

一、超声波传感器的基本原理

人耳能听到的声波频率为 20 Hz ~ 20 kHz，2 Hz 以下的称为次声波，20 kHz 以上的机械波称为超声波。超声波传感器是利用超声波在气体、液体和固体介质中的传播特性来工作的。超声波传感器中最主要的部分是超声波发生器和接收器。例如在用超声波测距时，其基本过程是，传感器中的超声波发生器发出超声波，经被测物体反射后再被接收器所接收，通过测量发出和接收的时间差，得到超声波在该介质中的传播速度，即可计算出被测物体的位置。

按工作原理的不同，超声波传感器可分为压电式、磁致伸缩式、电磁式等。在实际使用中，压电式超声波传感器最常见。

压电式超声波传感器是利用压电晶体的电致伸缩现象制成的，常用的压电材料有石英晶体、压电陶瓷锆钛酸铅等。在压电材料切片上施加交变电压，使它产生电致伸缩振动，从而产生超声波，如图 8—2a 所示。

超声波的接收器是利用超声波发生器的逆效应进行工作的。当超声波作用到电晶片上时，使晶体片伸缩，则在晶体片上的两个面上产生交变电荷。这种电荷被转换成电压，经过放大后送到测量电路，最后记录或显示出结果。它的构造和超声波发生器基本相同，其原理如图 8—2b 所示。

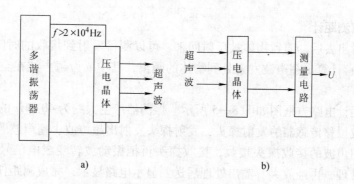

图 8—2　超声波发生器和接收器原理

a）发生器原理　b）接收器原理

二、超声波传感器的应用

1. 超声波穿透法探测

穿透法探伤是根据超声波穿透工件后的能量变化状况来判别工件内部质量的方法。穿透法用两个探头，置于工件相对面，一个发射超声波，另一个接收超声波。发射波可以是连续波，也可以是脉冲。其工作原理如图 8—3 所示。在探测中，当工件内无缺损时，接收能量大，仪表指示值大；当工件内有缺损时，接收能量小，仪表指示值小。根据这个变化，就可以把工件的内部缺陷检测出来。

2. 超声波反射法探测

反射法探伤是以超声波在不同工件反射情况的不同来探测缺陷的方法。图 8—4 所示为以一次底波为依据进行探伤的方法。高频脉冲发生器产生的脉冲（发射波）加在探头上，激励压电晶体振荡，使之产生超声波。超声波以一定的速度向工件内部传播。一部分超声波遇到缺陷反射回来（缺陷波 F），另一部分超声波继续传至工件底面（底波 B），再反射回来。由缺陷及底面反射回来的超声波被探头接收时，又变为电脉冲。发射波 T、缺陷波 F 及底波 B 经放大后，在显示器的荧光屏上显示出来。荧光屏上的水平亮线为扫描线（时间基准），其长度与时间成正比。由发射波、缺陷波及底波在扫描线的位置，可求出缺陷的位置。由缺陷波的幅度，可判断缺陷大小；由缺陷波的形状，可分析缺陷的性质。当缺陷面积大于声束截面积时，声波全部由缺陷处反射回来，荧光屏上只有 T，F 波，没有 B 波；当工件无缺陷时，荧光屏上只有 T，B 波，没有 F 波。

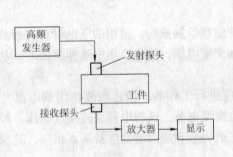

图 8—3　穿透法探伤示意图

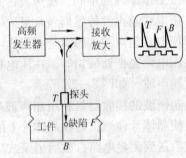

图 8—4　反射法探伤示意图

三、超声波测距计

超声波发射出去后，遇到物体被反射回来，可以测得发射到接收的时间为 t，然后利用公式 $S = 1/2\ vt$，计算出超声波发射处到物体的距离，其中 v 为超声波在空气中的传播速度 340 m/s。

超声波测距计电路方框图如图 8—5 所示。振荡器产生大约为 40 kHz 的信号，经功放放大后加到超声波位移传感器的发射探头，发射探头发射出超声波。超声波遇到被测物体后形成反射波，被超声波的接收探头接收，接收探头再把振动波转变成电信号，送到前置放大器、检波电路处理，再经放大、输出处理后送到显示电路显示，完成测距任务。

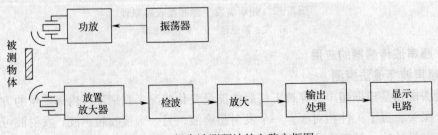

图 8—5　超声波测距计的电路方框图

汽车的倒车雷达就是一种由超声波位移传感器组成的测距系统。如图 8—6 所示，在倒车时，由安装在车尾部的发射探头发射超声波，超声波探测到障碍物后被反射至接收探头，测距系统迅速计算出车体与障碍物之间的实际距离，再提示给驾驶员，使停车和倒车更容易、更安全。

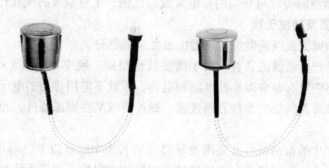

图 8—6 汽车用超声波传感器

四、测量液位

液位的测量原理与测距原理基本相同，如图 8—7 所示。超声波位移传感器的发射探头向液面发射一束超声波，被其反射后，传感器的接收探头再接收此反射波。设声速一定，根据超声波往返的时间就可以计算出传感器到液面的距离，即得出液位的高度。

在测量液位时，超声波发射器和接收器可以放置在液体中（必须是水下超声波传感器），让超声波在液体中传播（超声波在液体中的衰减比较小，即使发出的超声波脉冲幅度较小也可以使用）；也可以安装在液面的上方，让超声波在空气中进行传播，这种使用方式便于安装和维修，但由于超声波在空气中的衰减比较厉害，因此在液位变化较大时，必须采取相应措施进行补偿。

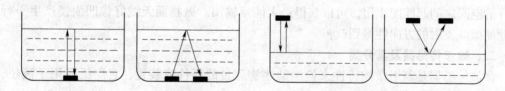

图 8—7 超声波传感器测液位原理图

第三节 微波传感器

一、微波传感器基础知识

1. 微波的性质及特点

微波是指波长在 1 mm ~ 1 m 之间的电磁波，它既具有电磁波的性质，又与普通的无线电波及光波有所不同。微波相对于波长较长的电磁波具有以下特点：

（1）在空间能够直线传输，可定向辐射。

（2）遇到各种障碍物时易于反射。

（3）绕射能力差。

（4）传输特性好，传输过程中受烟雾、火焰、灰尘、强光等影响很小。

（5）介质对微波的吸收与介质的介电常数成比例，水对微波的吸收作用最强。

2. 微波振荡器及微波天线

微波振荡器和微波天线是微波传感器的重要组成部分。

微波振荡器是产生微波的装置。由于微波波长很短，频率很高（$3 \times 10^5 \sim 3 \times 10^8$ Hz），这就要求振荡电路中具有非常微小的电感和电容，因此不能用普通的电子管与晶体管构成微波振荡器。构成微波振荡器的器件有调速管、磁控管或某些固态器件，小型微波振荡器也可采用体效应管。

微波振荡器产生的振荡信号需要用波导管（管长为 10 cm 以上，可用同轴电缆）传输，并通过天线发射出去。为了使发射的微波具有尖锐的方向性，要求天线具有特殊的结构。常用的天线有喇叭形天线、抛物面天线，其中喇叭形天线包括扇形喇叭天线、圆锥形喇叭天线；抛物面天线包括旋转抛物面天线、抛物柱面天线，如图 8—8 所示。

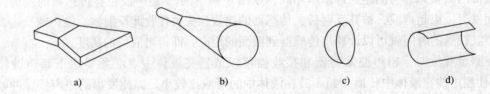

图 8—8 常用的微波天线

a) 扇形喇叭天线　b) 圆锥形喇叭天线　c) 旋转抛物面天线　d) 抛物柱面天线

喇叭形天线结构简单，制造方便，它可以看做是波导管的延续。喇叭形天线在波导管与敞开的空间之间起匹配作用，可以获得最大能量输出。抛物面天线好像凹面镜产生平行光，因此使微波发射的方向性得到改善。

二、微波传感器及其分类

微波传感器是利用微波特性来检测某些物理量的器件或装置，它广泛应用于液位、物位、厚度及含水量的测量。

由发射天线发出微波，此波遇到被测物体时将被吸收或反射，使微波功率发生变化。若利用接收天线，接收到通过被测物体或由被测物体反射回来的微波，并将它转换为电信号，再经过信号处理电路，并根据发射与接收时间差，即可显示出被测量，从而实现了微波检测。根据上述原理制成的微波传感器可以分为反射式和遮断式两类。

1. 反射式微波传感器

反射式微波传感器是通过检测被测物反射回来的微波功率或经过的时间间隔来测量被测量的，通常它可以测量物体的位置、位移、厚度等参数。

2. 遮断式微波传感器

遮断式微波传感器是通过检测接收天线接收到的微波功率大小，来判断发射天线与接收天线之间有无被测物体或被测物体的厚度、含水量等参数。

与一般传感器不同，微波传感器的敏感元件可以认为是一个微波场，它的其他部分可视为一个转换器和接收器，如图 8—9 所示。

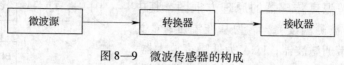

图 8—9　微波传感器的构成

接收器可以是一个微波场的有限空间，被测物即处于其中。如果微波源与转换器合二为一，称为有源微波传感器；如果微波源与接收器合二为一，则称为自振式微波传感器。

三、微波传感器的应用

1. 微波定位传感器

图 8—10 所示为微波定位传感器原理图。微波源（MS）发射的微波经环形器（C）从天线发射出微波信号，当物料远离小孔（○）时，反射信号很小；但物料移近小孔时，反射信号突然增大，该信号经过转换器（T）变换为电压信号，然后送显示器（D）显示出来。也可将此信号送至控制器，并控制执行器工作，使物料停止运动或加速运动。

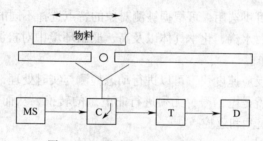

图 8—10　微波定位传感器原理图

2. 微波物位计

图 8—11 所示为微波物位计原理图。当被测物体位置较低时，发射天线发出的微波束全部由接收天线接收，经检波、放大与给定电压比较后，微波计发出物位正常信号。当被测物位升高到天线所在高度时，微波束部分被吸收，部分被反射，接收天线接收到的微波功率相应减弱，经检波、放大与给定电压比较后，若低于给定电压值，微波计就发出被测物体位置高出设定物位的信号。

图 8—11　微波物位计原理图

3. 微波温度传感器

任何物体，当它的温度高于环境温度时，都能够向外辐射热量。当该辐射热到达接收机输入端口时，若仍然高于基准温度（或室温），在接收机的输出端将有信号输出，这就是辐射计或噪声温度接收机的基本原理。

微波频段的辐射计是一个微波温度传感器。图8—12给出了微波温度传感器的原理方框图，其中T_{in}为输入温度（被测温度），T_c为基准温度；C为环形器；BPF为带通滤波器；LNA为低噪声放大器；IFA为中频放大器；M为混频器；LO为本机振荡器。这个传感器的关键部位是低噪声放大器，它决定了传感器的灵敏度。

微波温度传感器最优价值的应用是微波遥测。将微波温度传感器装在航天器上，可以遥测大气对流层状况，进行大地测量与探矿；可以遥测水质污染程度；确定水域范围；判断土地肥沃程度；植物品种等。

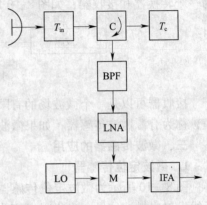

图8—12　微波温度传感器原理图

4. 微波传感器的特点

（1）有极宽的频谱可供选用，可根据被测对象的特点选择不同的测量频率。

（2）在烟雾、粉尘、水汽、化学气体以及高、低温环境中对检测信号的传播影响极小，因此可在恶劣环境下工作。

（3）时间常数小，反应速度快，可以进行动态检测与实时处理，便于自动控制。

（4）测量信号本身就是电信号，无须进行非电量的转换，从而简化了传感器与微处理器间的接口，便于实现遥测和遥控。

（5）微波无显著辐射公害。

（6）微波传感器零点漂移问题未得到很好的解决，其次使用的时候受外界环境因素影响较多，如温度、气压、取样等。

第四节　　机器人传感器

一、机器人与传感器

机器人是由计算机控制的能模拟人的感受、动作且具有自动行走功能而又足以完成有效工作的装置。按照其功能，机器人已经发展到了第三代。第一代机器人是一种进行重复操作的机械，主要是指通常所说的机械手，它虽配有电子存储装置，能记忆重复动作，但是没有采用传感器，所以没有适应外界环境变化的能力。第二代机器人已初步具有感觉和反馈控制的能力，能进行识别选取和判断，这是由于采用了传感器，使机器人具有了初步智能。是否采用传感器是区别第二代机器人与第一代机器人的重要特征。第三代机器人为高一级的智能机器人，"电脑化"是这一代机器人的重要标志。然而，计算机处理的信息，必须要通过各种传感器来获取，因而这一代机器人需要有更多的、性能更好的、功能更强的、集成度更高的传感器。所以说传感器在机器人的发展过程中起着举足轻重的作用。

二、机器人传感器的分类

1. 机器人传感器的分类

机器人传感器大多是模仿人类的感官功能进行设计的，包括触觉传感器、接近觉传感器、视觉传感器、听觉传感器、嗅觉传感器、味觉传感器等。一般并不是所有传感器都用在一个机器人身上，有的机器人只用到一种或几种，如有的机器人突出视觉；有的机器人突出触觉等。

按照机器人传感器所传感的物理量的位置可以将机器人传感器分为内部参数检测传感器和外部参数检测传感器两大类。

（1）内部参数检测传感器

内部参数检测传感器是以机器人本身的坐标轴来确定其位置的，它是安装在机器人内部的。通过内部参数检测传感器，机器人可以了解自己的工作状态，调整和控制自己按照一定的位置、速度、加速度、压力和轨迹等进行工作。

图8—13所示为球坐标工业机器人的外观图。

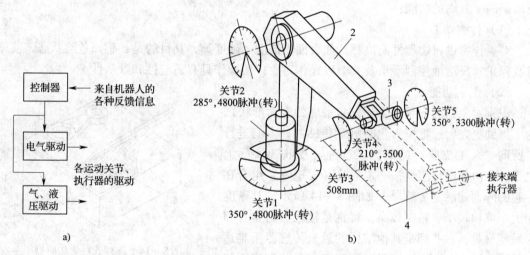

图8—13　球坐标工业机器人的外观图
a）控制及驱动框图　b）外观
1—回转立柱　2—摆动手臂　3—手腕　4—伸缩手臂

在图8—13中，回转立柱对应关节1的回转角度，摆动手臂对应关节2的俯仰角度，手腕对应关节4的上下摆动角度，手腕又对应关节5的横滚（回绕手爪中心旋转）角度，伸缩手臂对应关节3的伸缩长度等均由位置检测传感器检测出来，并反馈给计算机，计算机通过复杂的坐标计算，输出位置定位指令，结果经由电气驱动或气液驱动，使机器人的末端执行器—手爪最终能正确的落在指令规定的空间点上。例如，手爪夹持的是焊枪，则机器人就成为焊接机器人，在汽车制造厂中，这种焊接机器人广泛用于车身框架的焊接；若手爪本身就是一个夹持器，则成为搬运机器人。

（2）外部参数检测传感器

外部参数检测传感器用于获取机器人对周围环境或者目标物状态特征的信息，是机器人与周围进行交互工作的信息通道。其功能是让机器人能识别工作环境，很好地执行如取物、检查产品品质、控制操作、应付环境和修改程序等工作，使机器人对环境有自校正和自适应能力。外部检测器通常包括触觉、接近觉、视觉、听觉、嗅觉、味觉等传感器。如图8—13所示，在手爪中安装触觉传感器后，手爪就能感知被抓物的质量，从而改变夹持力；在移动机器人中，通过接近传感器可以使机器人在移动时绕开障碍物。

三、触觉传感器

人体皮肤内分布着多种感受器，能产生多种感觉。一般认为皮肤感觉主要有4种，即触觉、冷觉、温觉和痛觉。机器人的触觉，实际上是人的触觉的某些模仿。它是有关机器人和对象物之间直接接触的感觉，包括的内容较多，通常指以下几种：

触觉——手指与被测物是否接触，接触图形的检测。

压觉——垂直于机器人和对象物接触面上的力感觉。

力觉——机器人动作时各自由度的力感觉。

滑觉——物体向着垂直于手指把握面的方向移动或变形。

若没有触觉，就不能完好平稳地抓住纸做的杯子，也不能握住工具。机器人的触觉主要有以下两个方面的功能：

（1）检测功能

对操作物进行物理性质检测，如表面光洁度、硬度等，其目的是：感知危险状态，实施自我保护；灵活地控制手爪及关节以操作对象；使操作具有适应性和顺从性。

（2）识别功能

识别对象物的形状（如识别接触到的表面形状）。为了得到更完善、更拟人化的触觉传感器，人们进行了所谓"人工皮肤"的研究。这种"皮肤"实际上也是一种由单个传感器按一定形状（如矩阵）组合在一起的阵列式触觉传感器，如图8—14所示。其密度较大、体积较小、精度较高，特别是接触材料本身即为敏感材料，这些都是其他结构的触觉传感器很难达到的。"人工皮肤"传感器可用于表面形状和表面特性的检测。

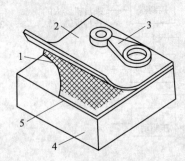

图8—14 阵列式触觉传感器
1—电气接线 2—PVF$_2$薄膜 3—被识别物体
4—底座盒 5—印制电路板

压觉指的是对于手指给予被测物的力，或者加在手指上的外力的感觉。压觉用于握力控制与手的支撑力的检测。基本要求是：小型轻便、响应快、阵列密度高、再现性好、可靠性高。目前，压觉传感器主要是分布型压觉传感器，即通过把分散敏感元件阵列排列成矩阵式格子来设计成的。导电橡胶、感应高分子、应变计、光电器件和霍尔元件常被用作敏感元件单元。这些传感器本身相对于力的变化基本上不发生位置变化。能检测其位移量的压觉传感器具有以下优点：可以多点支撑物体；从操作的观点来看，能牢牢抓住物体。

力觉传感器的作用有：感知是否夹起了工件或是否夹持在正确部位；控制装配、打磨、研磨、抛光的质量；装配中提供信息，以产生后续的修正补偿运动来保证装配的质量和速度；防止碰撞、卡死和损坏机件。用于力觉的触觉传感器，要把多个检测元件立体地安装在不同位置上。用于力觉传感器的主要有应变式、压电式、电容式、光电式和电磁式等。由于应变式的价格便宜，可靠性好，且易于制造，故被广泛采用。

另外，机器人要抓住属性未知的物体时，必须确定自己最适当的握力目标值，因此需要检测出握力不够时所产生的物体滑动。利用这一信号，在不损坏物体的情况下，牢牢抓住物体，为此目的设计的活动检测器叫做滑觉传感器。图 8—15 所示为一种球形滑觉传感器。

该传感器的主要部分是一个如同棋盘一样相间的，用绝缘材料盖住的小导体球。在球表面的任意两个地方安上接触器。接触器触头接触面积小于球面上露出的导体面积。球与被握物体相接触，无论滑动方向如何，只要球一转动，传感器就会产生脉冲输出。应用适当的技术，该球尺寸可以变得很小，减小球的尺寸和传导面积可以提高检测灵敏度。

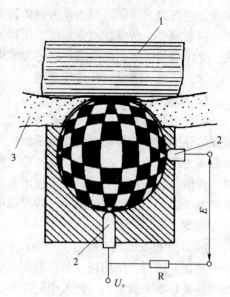

图 8—15 球形滑觉传感器
1—被夹持物 2—触电 3—柔软覆层

四、接近觉传感器

接近觉传感器是机器人能感知相距几毫米至几十厘米内对象物或障碍物的距离、对象物的表面性质等的传感器。其目的是在接触对象前得到必要的信息，以便后续动作。这种感觉是非接触的，实质上可以认为是介于触觉和视觉之间的感觉。接近觉传感器有电磁式、光电式、电容式、气动式、超声波式和红外线式等类型。

五、视觉传感器

人的眼睛是由含有感光细胞的视网膜和作为附属结构的折光系统等部分组成。人脑通过接收来自视网膜的传入信息，可以分辨出视网膜的不同亮度和色泽，因而可以看清视野内发光物体或反光物体的轮廓、形状、颜色、大小、远近和表面细节等情况。自然界形形色色的物体以及文字、图片等，通过视觉系统在人脑中得到反映。

机器人的视觉系统通常是利用光电传感器构成的。机器人的视觉作用的过程与人的视觉作用过程相似，如图 8—16 所示。

图 8—16 视觉作用过程

客观世界中三维实物经由传感器（如摄像机）成为平面的二维图像，再经过处理部件给出景象的描述。应该指出，实际的三维物体形态和特征是相当复杂的，特别是由于识别的背景千差万别，而机器人上的视觉传感器的视角又在时刻变化，引起图像时刻发生变化，所以机器人视觉在技术上难度是较大的。

在空间中判断物体位置和形状一般需要两类信息：距离信息和明暗信息。视觉系统主要解决这两方面的问题。当然作为物体视觉信息来说还有色彩信息，但它对物体的识别不如前两类信息重要，所以在视觉系统中用得不多。获得距离信息的方法可以有超声波、激光反射法、立体摄像法等；而明暗信息主要靠电视摄像机、CCD 固态摄像机来获得。

六、听觉、嗅觉、味觉传感器

1. 听觉传感器

听觉也是机器人的重要感觉器官之一。在机器人听觉系统中，主要通过听觉传感器实现声音信号的接收与传输。听觉传感器的基本形态与传声器相同，技术相对较为成熟，其工作原理多为压电效应、磁电效应等。除了接收和传输，对于机器人听觉系统来说，更重要的是对声音信息的识别。由于计算机技术及语音学的发展，现在已经可以通过语音处理及识别技术识别讲话人，还能正确理解一些简单的语句。从应用的目的来看，可以将识别声音的系统分为两类：

（1）发音人识别系统

发音人识别系统的任务是，判别接收到的声音是否是事先制定的某个人的发音，也可以判别是否是事先制定的一批人中的哪个人的声音。

（2）语义识别系统

语义识别系统可以判别语音中的字、短语、句子，而无论说话人是谁。

然而，由于人类语言是非常复杂的，无论哪个民族，其语言的词汇量都非常大，即使同一个人，其发音也随着环境及身体状况有所变化，因此，使机器人的听觉具有接近人耳的功能还相差甚远。

2. 嗅觉传感器

人类通过鼻腔内的嗅觉细胞实现对气味的辨别，而对于机器人来说，嗅觉传感器主要是采用气敏传感器、射线传感器等来对气体的化学成分进行检测。这些传感器多用于检测空气中的化学成分、浓度等，在放射线、高温煤气、可燃性气体以及其他有毒气体的恶劣环境中，有着重要应用。

3. 味觉传感器

通常味觉是指对液体进行化学成分的分析。实用的味觉方法有 pH 计、化学分析仪器等。一般味觉可探测溶于水中的物质，嗅觉探测气体状的物质，而且在一般情况下，当探测化学物质的嗅觉比味觉更敏感。目前，人们还通过对人的味觉工作过程的研究，大力发展离子传感器与生物传感器技术，配合微型计算机进行信息的组合来识别各种味道。

 本章小结

本章介绍了微波传感器、超声波传感器、生物传感器、机器人传感器的工作原理、结构、特性及简单的应用。本章知识要点如下：

1. 生物传感器是利用生物活性物质来选择性识别和测定生物化学物质的传感器，是分子生物学与微电子学、电化学、光学相结合的产物，是在基础传感器上耦合一个生物敏感膜而形成的新型器件。

2. 生物传感器的发展趋势是功能多样化、微型化、智能化与集成化、低成本、高灵敏度、高稳定性和高寿命。

3. 超声波传感器是实现波、电转换的装置，主要进行超声波的发射及接收，并将其转换成相应的电信号。按工作原理的不同，超声波传感器分为压电式、磁致伸缩式、电磁式等。在实际使用中，压电式超声波传感器最为常见。

4. 微波传感器是利用微波特性来检测某些物理量的器件或装置，它广泛应用于液位、物位、厚度及含水量的测量。微波传感器可以分为反射式和遮断式两类。

实验与实训一

路灯自动控制器的制作与调试(光电传感器)

一、工具，元、器件及仪表的准备

1. 元件 所用元件清单见实训表 1—1

实训表 1—1   元器件清单

代号	名称	型号	数量
R_1	色环电阻	2 kΩ	1
R_2	色环电阻	4.7 kΩ	1
R_3	色环电阻	47 Ω	1
R_4	色环电阻	1 kΩ	1
W_1	微调电阻	47 kΩ	1
RG_1	光敏器件	100~500 kΩ	1
C_1	电容器	100 μF	1
VT_1	晶闸管	9 014	1
VT_2	晶闸管	9014（9013）	1
VD_1	发光二极管		1
JB_1	继电器	9 V	1

2. 电子实验台
3. 万用表

二、内容及步骤

1. 识别、检测元器件

按配套明细表核对元、器件的数量、型号和规格，清点元器件；用万用表对元、器件进行检测，对不符合质量要求的元器件剔除并更换。

测量光敏电阻 RG_1 时，可以选择在没有光源直接照射器件的室内光线下进行，先选择万用表"×10k"电阻挡位，并将两只表笔分别与 RG_1 光敏电阻的两个引脚接好，此时表针应该有一定的阻值指示，其数值大小或指针偏转的大小视室内光线的强弱而定。通常情况下，光敏电阻没有极性的分别，两个管脚可以随意调换使用，当用手遮住光敏电阻的感光面时，可以明显的观察到表针向左偏移，说明光敏电阻在光线减弱的情况下阻值增加，此器件可以正常使用。

发光二极管的导通电压为 1.5 V 以上，也因此使用 1.5 V 供电的普通式指针万用表的电阻挡（×1 k 挡或以下挡位）是不能判断 LED 管的引脚极性，应将挡位调至 9 V 供电的"×10 k"电阻挡。将黑表笔与 LED 较长的管脚连接，红表笔与 LED 较短的管脚连接，可以看到 LED 管发出微弱的光线，表针也会明显向右偏转。说明万用表黑表笔所接管脚为 LED 的正极端，另一只为 LED 发光管的负极端。

2. 路灯自动控制器的工作原理

路灯控制电路原理图如实训图 1—1 所示，图 a、图 b 两个电路基本一致，该电路的感光传感部件是一个半导体光敏电阻，即当有光照在光敏器件 RG₁ 上时，光敏电阻 RG₁ 阻值的大小将向减小方向改变，因此，该电路有两种状态：有光照和无光照。

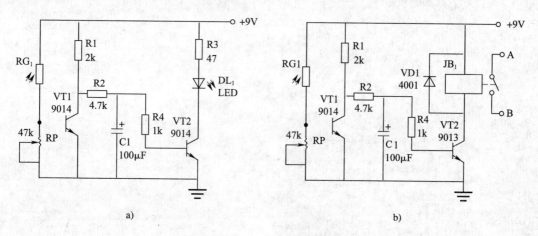

实训图 1—1　光控实验电路

当有光照在 RG1 上时，三极管 VT1 的基极大电流因处于上偏电阻位置的 RG₁ 阻值的减小而增大，并产生后续电路一系列相应的动作，VT1 基极电流上升，将有 VT1 集电极电流上升，因此，VT1 集电极的电位因 VT1 的导通而降低，而 VT2 基极回路器件连接于 VT1 的集电极上，那么也促使 VT1 基极的电位下降，VT2 进入截止状态。三极管 VT2 因截止而切断了 LED 回路，LED 发光二极管灯不亮。

当光敏器件 RG₁ 被遮住光线时，即无光照时，光敏电阻的阻值将向无穷大方向改变，由于光敏电阻 RG₁ 与可变电阻 RP 是串联的连接方式，因此，光敏电阻 RG₁ 阻值的增加必然导致 RG₁ 两端的压降升高，迫使三极管 VT1 基极电流下降，三极管 VT1 趋于截止状态，VT1 的集电极电压升高，促使 VT2 基极回路电流增加，VT2 并导通并驱动 LED 发光。

实训图 1—1a、b 两个电路图的信号控制流程原理是一致的，区别在于 b 图中的输出负载换成了继电器而已，便于连接控制其他电器的接入。需要说明的是：由于三极管驱动的是继电器电感线圈部分，当三极管由导通变为截止时，继电器的电感线圈将会产生较高的自感电动势，为了防止三极管集电结被击穿，在电路中设置了一个自感电动势释放二极管 VD1，如此就能较好的保护三极管的正常工作。

3. 电路连接

按照电路实训图 1—1 在电子实验台上连接电路。安装电路完毕，对照线路图进行检查，仔细检查电路中各元件是否安装正确，尤其是二极管、三极管是否安装正确。

三、注意事项

1. 接通电源后，注意观察电路板上的电子元件的外部状态，如有异常（如冒烟等现象）出现，应立即关断电源。

2. 电源接通后，通常情况下 LED 灯因室内存在光线而不会发光；用手指遮住光敏电阻的感光面，若 LED 发光二极管没有发光，可以使用平口一字旋具调整 RP，使其阻值减小，当 LED 发光二极管发光时，停止调整 RP，挪开遮挡光敏电阻上的手指，LED 发光二极管会因为光敏感光面得到光线而熄灭。

实验与实训二

红外线演示器的制作与调试(红外线传感器)

一、工具，元、器件及仪表的准备

1. 电烙铁
2. 元件

所用元、器件清单见实训表2—1，表2—2。

实训表2—1   红外发射电路元件明细表

代号	名称	型号	数量
R1	电阻器	330 Ω	1
R2	电阻器	22 Ω	1
LED1	普通发光二极管	ϕ5 mm 红光	1
V	红外发光二极管	HG310	1
S	开关	小型拨动开关	1
E	干电池电源	3 V	1

实训表2—2   红外接收电路元件明细表

代号	名称	型号	数量
RP1	可变电阻器	20 kΩ	1
RP2	可变电阻器	2 kΩ	1
LED2	普通发光二极管	ϕ5 mm 红光	1
VT1	光敏三极管		1
VT2	三极管	CS9013	1
U_{cc}	干电池电源	6 V	1

3. 导线若干
4. 1.5 V 干电池6节
5. 指针式万用表
6. 万能电路板
7. 黑硬纸板

二、内容及步骤

1. 识别、检测元器件

按配套明细表分别核对元器件的数量、型号和规格，清点元器件；用万用表的 R × 100 挡对元、器件进行检测，对不符合质量要求的元、器件剔除并更换。

2. 电路连接

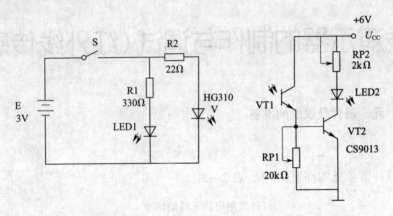

实训图 2—1　红外线演示仪发射和接收电路

按照电路实训图 2—1 在万能电路板上焊接电路。把发射电路中作为工作指示灯的发光二极管 LED1 和接收电路中发光二极管 LED2 焊接在电路板的最外侧，以方便观察电路的工作状态。焊接电路完毕，对照线路图进行检查，仔细检查电路中各元件是否安装正确，尤其是二极管、三极管是否焊接正确。

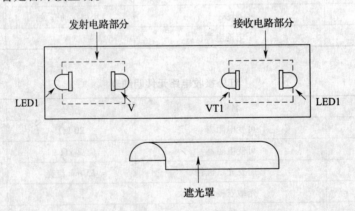

实训图 2—2　红外线演示仪电路组装示意图

3. 为防止外界光的干扰，用黑硬纸板做个遮光罩，把它放在发射电路和接收电路中间遮住 V 和 VT1，如实训图 2—2。

4. 把干电池按照要求（发射电路用 2 节，接收电路用 4 节）按到电路中去。闭合开关 S，观察有什么现象发生。正常时，可看到接收电路中的 LED2 管与发射电路中的 LED1 管同步闪亮，发出红光，说明光敏三极管 VT1 已接收到红外发射二极管 V 发射的红外信号。

5. 还可进行其他演示。

打开开关 S，使发射电路停止工作。再将接收装置分别置于白炽灯和日光灯的光照下，观察接收显示灯 LED2 会不会点亮。正常时，在白炽灯下会亮，在日光灯下不会亮。说明白炽灯光线中含有红外线成分较多。

三、注意事项

1. 操作前，要了解红外发射和接收系统的结构，以此来判断测试结果是否正确。
2. 发光二极管发出光束的波长应与光敏三极管的峰值波长相匹配。

实验与实训三

电子秤电路的制作与调试（力传感器）

一、工具，元、器件及仪表的准备

1. 电烙铁
2. 元、器件

所用元、器件清单见实训表3—1。

实训表3—1　　　　　　　　　　电子秤电路元、器件明细表

代号	名称	型号	数量
R1 ~ R4	电阻应变片	变化范围 0.000 5 ~ 0.1 Ω	4
A1、A2	放大器	LM385	2
RP1、RP2	可调电位器	470 kΩ	1
R5、R6	电阻器	100 kΩ	1
R7	电阻器	5.1 kΩ	1
R8	电阻器	30 kΩ	1
A/D 转换电路		ICL7107	1
液晶显示电路			1

3. 导线若干
4. 指针式万用表
5. 万能电路板
6. 稳压直流电源

二、工作原理

1. 电阻应变式传感器测量电路

电阻应变片的电阻变化范围为 0.000 5 ~ 0.1 Ω，所以测量电路应当能精确测量出很小的电阻变化，在电阻应变传感器中常用的是桥式测量电路。桥式测量电路有 4 个电阻，电桥的一个对角线接入工作电压 E，另一个对角线为输出电压 U_o。其特点是：当 4 个桥臂电阻达到相应的关系时，电桥输出为零，否则就有电压输出，可以利用灵敏检流计来测量，所以电桥能够精确地测量微小的电阻变化。测量电桥如实训图 3—1 所示。

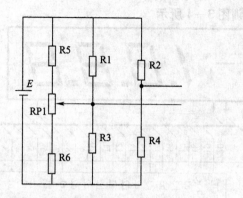

实训图 3—1　电阻应变式传感器的测量电路

2. 放大电路

仪表仪器放大器的选型很多，这里用高精度 LM358 和几只电阻器，即可构成性能优越的仪表用放大器。如实训图 3—2 所示。

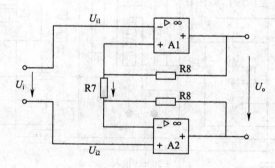

实训图 3—2　放大电路

3. A/D 转换电路如实训图 3—3 所示

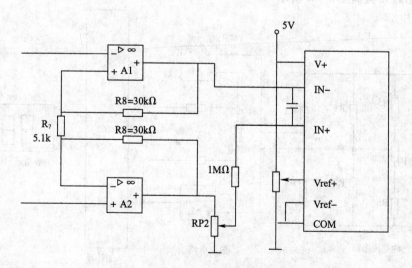

实训图 3—3　放大器与 ICL7107 的连接

4. 显示电路如实训图 3—4 所示

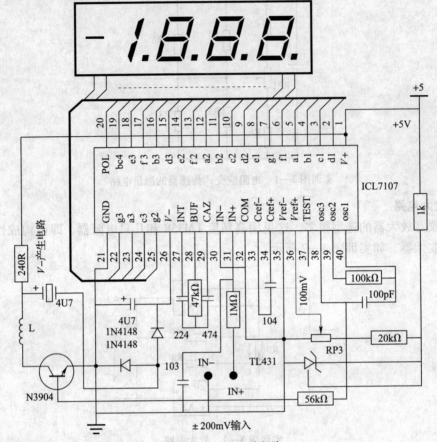

实训图 3—4　显示电路

5. 总电路如实训图 3—5 所示

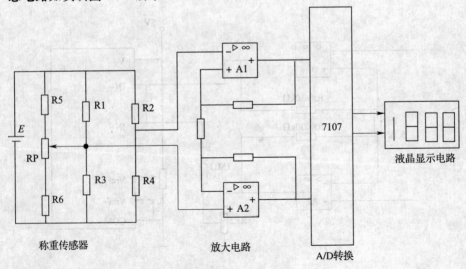

实训图 3—5　总电路图

三、内容及步骤

1. 识别、检测元、器件

按配套明细表 3—1，核对元器件的数量、型号和规格，清点元、器件；用万用表的 R×100 挡对电阻、电容进行检测，对不符合质量要求的元器件剔除并更换。

按照电路图在万能电路板上焊接电路。焊接电路完毕，对照线路图进行检查，仔细检查电路中各元件是否焊接正确。

2. 调试电路

（1）首先在秤体自然下垂已无负载时调整 RP1，使显示器准确显示零。

（2）再调整 RP2，使秤体承担满量程质量（设计为 2 kg）时显示满量程值（调节 RP2 衰减比）。

（3）然后在秤钩下悬挂 1 kg 的标准砝码，观察显示器是否显示 1.000，如有偏差，可调整 RP3 值，使之准确显示 1.000。

（4）重复 2、3 步骤，使之均满足要求为止。

（5）最后准确测量 RP2、RP3 电阻值，并用固定精密电阻予以代替。RP1 可引出表外调整。测量前先调整 RP1，使显示器回零。

实验与实训四

温度报警器的制作与调试（温度传感器）

一、工具，元、器件及仪表的准备

1. 电烙铁
2. 元、器件

所用元、器件清单见实训表4—1。

实训表 4—1　　　　　　　温度报警器电路元、器件明细表

代号	名称	型号	数量
Rt	热敏电阻	MF52 – 50K	1
RP	电阻器	50 kΩ	1
R1	电阻器	470 kΩ	1
R2	电阻器	100 kΩ	1
LED	普通发光二极管	ϕ5 mm 红光	1
IC	CMOS 集成电路	CD4001	1
E	直流电源	5 V	1

3. 导线若干
4. 指针式万用表
5. 万能电路板
6. 稳压直流电源

二、工作原理

实训图4—1 所示是一个简单的温度报警器电路图。Rt 是负温度系数的热敏电阻，B 是压电陶瓷片，当它振动时会发出蜂鸣声。CD4001 是一片 CMOS 集成电路，它内部有四个 2 输入端的或非门，其中或非门 I 、IV 的两个输入端连接在一起，相当于非门。CMOS 集成电路的输入阻抗很大，输入端对前级的分流作用可以忽略。

或非门 II 、III 及电阻器 R1、R2 和电容器 C 组成 "键控多谐振荡电路"，它的振荡频率由下式决定：

$$f = \frac{1}{2.2R_2C}$$

本电路的振荡频率大约为 4.5 kHz。

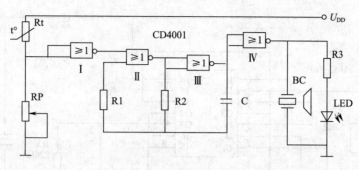

实训图 4—1　温度报警器电路

当被测温度很低时，热敏电阻 Rt 的电阻值比较大。电源电压 U_{DD} 通过 Rt 和 RP 分压，输入到或非门Ⅰ的电压很低（可认为输入数字 0），因而其输出为高电平（即 1）。当或非门Ⅰ输出高电平时，"键控多谐振荡电路"停振，或非门Ⅲ输出高电平，或非门Ⅳ输出低电平。此时压电陶瓷片 B 没有发出声音，发光二极管 LED 也不发光。

当被测温度很高时，Rt 电阻值变小。电源电压 U_{DD} 通过 Rt 和 RP 分压后，输入到或非门Ⅰ的电压接近于电源电压即高电平，所以或非门Ⅰ输出变为低电平，"键控多谐振荡电路"开始振荡，或非门Ⅳ驱动压电陶瓷片 B 振动发出"嘀""嘀"的声音，同时使发光二极管 LED 发红光，达到温度报警的目的。

三、内容及步骤

1. 识别，检测元、器件

（1）按配套明细实训表 4—1，核对元器件的数量、型号和规格，清点元、器件；用万用表的 R×100 挡对电阻、电容进行检测，对不符合质量要求的元器件剔除并更换。

（2）用实操 1 的方法检测热敏电阻的质量好坏。

（3）识别集成电路 CD4001，认识各管脚，如实训图 4—2 所示。用数字万用表单独进行检测。

实训图 4—2　CD4001 外观图

2. 电路连接

按照电路实训图 4—3 所示在万能电路板上焊接电路。焊接电路完毕，对照线路图进行检查，仔细检查电路中各元件是否焊接正确，尤其是 CD4001 各管脚是否连接正确。

3. 调试电路

（1）稳压直流电源电压调为 5 V，在常温下接通电源，调节可变电阻 RP 使 LED 不发光，压电陶瓷片不发声。

（2）把热敏电阻 Rt 加热到报警温度（例如 100℃），调节可变电阻 RP 使 LED 刚好发光，压电陶瓷片也同时发声。

四、注意事项

1. 操作前，要了解 CD4001 的结构，以正确接入电路。

2. 第 3（2）步调试后，当温度低于 100℃，温度报警器就不报警，当温度刚刚升高到 100℃时，就会自动报警。所以这步调试过后，就不用再调 RP 了，RP 的阻值就固定下来。

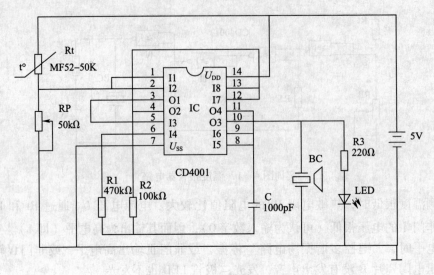

实训图 4—3 温度报警器接线图

实验与实训五

湿度显示电路的制作与调试（湿度传感器）

一、元、器件及仪表的准备

1. 元件

所用元件清单见实训表5—1。

实训表 5—1 　　　　　　　　　　**元件明细表**

代号	名称	型号	数量
R1	电阻器	9.1 kΩ	1
R2	电阻器	51 Ω	1
R3	电阻器	330 Ω	1
RP	可变电阻器	10 kΩ	1
R_H	湿敏电阻	MSO1 – A	1
LED	发光二极管	$\phi5$ mm	1
VT1、VT2	三极管	CS9013	2

2. 电子实验台

3. 万用表

二、内容及步骤

1. 识别，检测元、器件

按配套明细实训表5—1核对元、器件的数量、型号和规格，清点元器件；用万用表的 R×100 挡对元、器件进行检测，对不符合质量要求的元器件剔除并更换。

2. 电路连接

按照电路实训图5—1在电子实验台上连接电路。安装电路完毕，对照线路图进行检查，仔细检查电路中各元件是否安装正确，尤其是二极管、三极管是否安装正确。

3. 电子实验台中直流电源电压调为 6 V，按下开关 S，接通电路。在环境湿度较小时，湿敏电阻 R_H 的电阻值较大，VT1 的基极处于低电平，VT1 截止，VT2 导通，VT2 的集电极为低电平，所以发光二极管 LED 亮。

4. 当湿度增加（可对 R_H 吹哈气），R_H 电阻值减小，VT1 的基极电位增大，VT1 导通，VT2 截止，使 VT2 的集电极输出接近电源电压，LED 熄灭。当湿度减小后，LED 重新点亮。

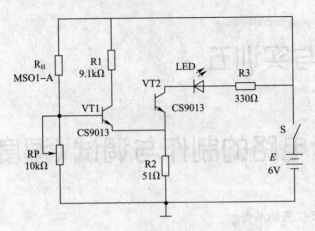

实训图 5—1　湿敏电阻传感器显示电路

三、注意事项

1. 操作前，要认真复习湿敏电阻的特性，以此来判别测试结果是否正确。

2. 如果发光二极管一直未亮，重新更换湿敏电阻 R_H 再试。

3. 实验环境要湿度较小时才可行。对 R_H 吹哈气时，不要吹得过多。

附　　录

常用传感器性能比较

传感器类型	典型示值范围	特点及对环境要求	应用场合与领域
电位器	500 mm 以下 或 360° 以下	结构简单，输出信号大，测量电路简单，摩擦力大，需要较大的输入能量，动态响应差。应置于无腐蚀性气体的环境中	直线和角位移
应变片	2 000 μm 以下	体积小，价格低廉，精度高，频率特性较好，输出信号小，测量电路复杂，易损坏	力、应力、应变、小位移、振动、速度、加速度及扭矩测量
自感互感	(0.001 ~ 20) mm	结构简单，分辨力高，输出电压高，体积大，动态响应较差，需要较大的激励功率，易受环境振动的影响	小位移、液体及气体的压力测量、振动测量
电涡流	100 mm 以下	体积小，灵敏度高，非接触式，安装使用方便，频响好，应用领域宽广，测量结果标定复杂，必须远离非被测的金属物	小位移、振动、加速度、振幅、转速、表面温度及状态测量、无损探伤
电容	(0.001 ~ 0.5) mm	体积小，动态响应好，能在恶劣条件下工作，需要的激励源功率小，测量电路复杂，对湿度影响较敏感，需要良好的屏蔽	小位移、气体及液体压力的测量、与介电常数有关的参数如含水量、湿度、液位测量
压电	0.5 mm	体积小，高频响应好，属于发电型传感器，测量电路简单，受潮后易产生漏电	振动、加速度、速度测量
光电	视应用情况而定	非接触式测量，动态响应好，精度高，应用范围广，易受外界杂光干扰，需要防光护罩	亮度、温度、转速、位移、振动、透明度的测量，或其他特殊领域的应用
霍尔	5 mm 以下	体积小，灵敏度高，线性好，动态响应好，非接触式，测量电路简单，应用范围广	磁场强度、角度、位移、振动、转速、压力的测量或其他特殊场合的应用
热电偶	(-200 ~ 1 300)℃	体积小，精度高，安装方便，属发电型传感器，测量电路简单，冷端补偿复杂	测温
超声波	适应于情况而定	灵敏度高，动态响应好，非接触式，应用范围广，测量电路复杂，测量结果标定复杂	距离、速度、位移、流量、流速、厚度、液位、物位的测量及无损探伤
光栅	(0.001 ~ 1×10⁴) mm	测量结果易数字化，精度高，受温度影响小，成本高，不耐冲击，易受油污及灰尘影响，应有遮光、防尘的防护罩	大位移、静动态测量，多用于自动化机床

传感器类型	典型示值范围	特点及对环境要求	应用场合与领域
磁栅	$(0.001 \sim 1 \times 10^4)$ mm	测量结果易数字化，精度高，受温度影响小，录磁方便，成本高，易受外界磁场影响，需要磁屏蔽	大位移、静动态测量，多用于自动化机床
感应同步器	0.005 mm 至几米	测量结果易数字化，精度高，受温度影响小，对环境要求低，易产生接长误差	大位移、静动态测量，多用于自动化机床